## シャコ、カニなど

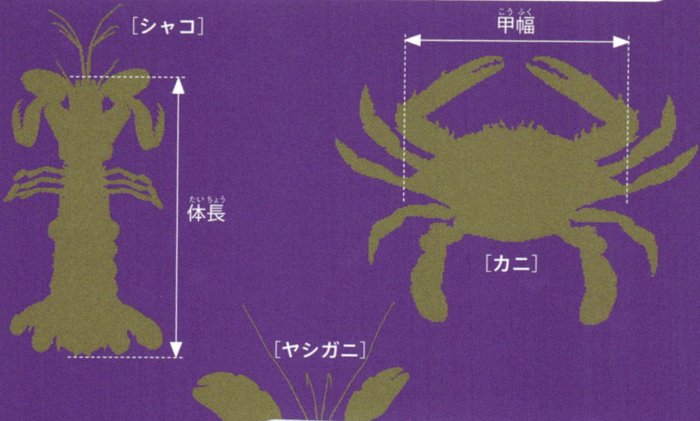

［シャコ］
体長（たいちょう）

甲幅（こうふく）
［カニ］

［ヤシガニ］



## 昆虫（こんちゅう）

体長（たいちょう）
［ノミ］

前（まえ）ばねの長（なが）さ
（前（まえ）ばねのつけ根（ね）から先（さき）まで）
［ガ］

体長（たいちょう）
［コウチュウ類（るい）］

体長（たいちょう）
［アリ］

体長（たいちょう）
［アブなど］

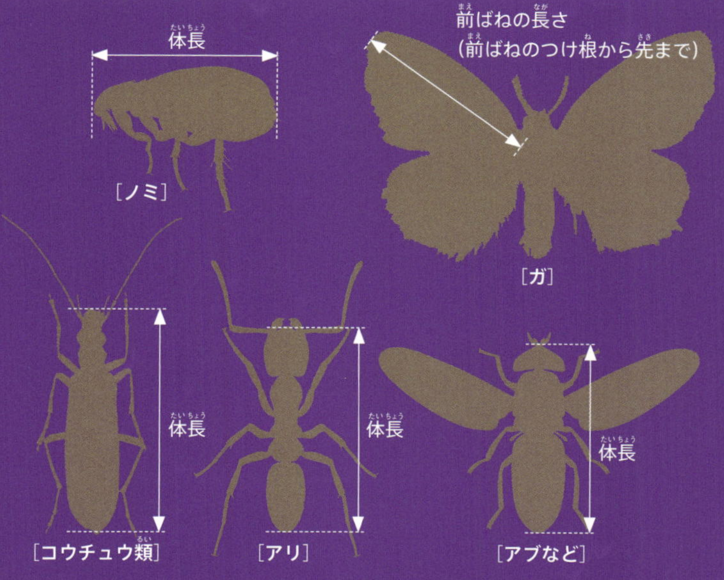

小学館の図鑑 ネオぽけっと NEO POCKET

# 危険生物

きけんせいぶつ

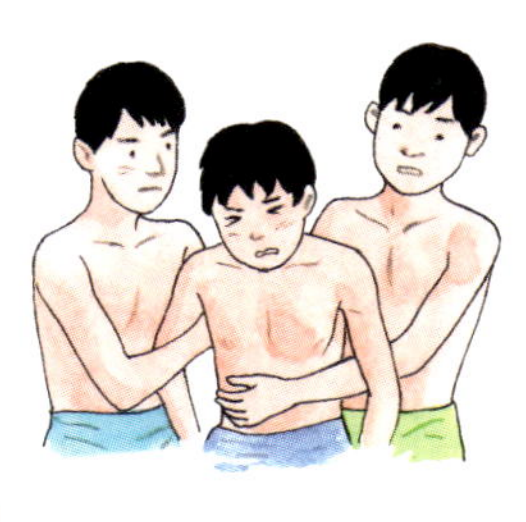


【指導・執筆】

**塩見一雄**（東京海洋大学名誉教授）
**山内健生**（兵庫県立大学 自然・環境科学研究所 准教授）
**森 哲**（京都大学大学院 理学研究科 准教授）
**成島悦雄**（公益社団法人 日本動物園水族館協会 専務理事）
**小野展嗣**（国立科学博物館名誉研究員）
**和田浩志**（東京理科大学 薬学部 准教授）
**仲谷一宏**（北海道大学名誉教授）
**吹春俊光**（千葉県立中央博物館 植物学研究科長）
**松井正文**（京都大学名誉教授）
**篠原現人**（国立科学博物館 動物研究部 研究主幹）
**小松浩典**（国立科学博物館 動物研究部 研究主幹）

【監修協力】

**夏秋 優**（兵庫医科大学病院 皮膚科学）
**上里 博**（琉球大学名誉教授）
**大和田 守**（国立科学博物館名誉研究員）

# 目次

症状や手当ての方法がわかる　救急コラム



表紙：ホホジロザメ／うら表紙：ヤマカガシ／
左ページ上から：ヤマカガシ、カエンタケ、カツオノエボシ
右ページ上から：オオヒキガエル、オニヒトデ、ライオン

# この本の使い方

この図鑑では、日本と海外の危険生物を約500種しょうかいする。日常生活やレジャーの最中に、危険生物と出あう場面をイメージしやすくするため、危険生物がひそんでいる環境別に分類した。その上で「ヒトに対する危険の種類」にも注目し、グループ化している。危険生物への正しい知識を身につけて、予防と対策に役立ててほしい。

## 見出し

このページに出てくる生物と、その危険性をしめしている。

## ツメ①

生物がすむ環境によって章を分けている（くわしくはp.6）。

## ツメ②

このページに出てくる生物の危険の種類を表している（くわしくはp.8）。

## 事件ファイル

実際にあった事故の例をしょうかいする。

## 大きさくらべ

実際の大きさを想像できるように、人間の身長や手の大きさとくらべている。大人の身長は170cm、手は20cm、子どもの身長は120cm、手は12cmとしている。

---

家の周り・田畑

刺毒　咬毒　吸血・病気媒介　刺咬傷・けが　接触毒　食中毒

### 毒牙でかみつく［クモ］

**イトグモ**

毒はとても強く、かまれた場所の組織が壊死するため、皮ふ科の療が必要。●イトグモ科 ●体長7 10mm ●北アフリカ原産。本州（関東地方以南）〜琉球列島 ●家、寺、神社、倉庫の内外、へいや側溝 ●一年中

**カバキコマチグモ**

日本では、かまれる被害が最も多いクモ。きばが長く、先から毒を出す。かまれると強いいたみがある。●コマチグモ科 ●体長10〜15mm ●北海道〜九州 ●河原や林縁の草むら、田畑の周囲 ●7〜9月

ススキなどの葉をまいて、産卵のための巣をつくる。

クモの毒は、頭胸部の毒腺でつくられ、鋏角のきばの先から出てくる。

複眼はなく単眼が8つある。

**事件ファイル　小学生がカバキコマチグモにかまれる**

ある夏、草むらで遊んでいた子どもが、カバキコマチグモの巣と知らずに、まいてある葉を開いて、中から出てきた母グモにかまれた。針でさされたようなするどいいたみを感じ、やがて赤くはれあがった。この子どもは2〜3日で治ったが、いたみやしびれがしばらく続くこともある。頭痛やはき気がある場合はすぐに病院でみてもらうこと。

メスは巣の中に卵を産む。交尾や産卵をする夏に、最も攻げき的になる。

特に危険　危険

28

●科名 ●体の大きさ ●分布 ●環境 ●成虫の時期 ⊗特定外来生物

---

## 救急コラム

被害にあうとどうなるか、そのときの手当ての方法などをしょうかいする。

## ものしりコラム

もっと危険生物にくわしくなれる、いろいろな情報をしょうかいする。

# 生物の解説

❶ ❷

**ニホンマムシ(マムシ)**

主に夜行性で、道路などにも出てくる。攻げき的ではないが、知らずに近づきすぎてかまれることがある。毒は出血作用が強く、かまれた部分がはれていたむ。 ❸

●クサリヘビ科 ●全長40～65cm ●北海道、本州、四国、九州と周辺の島 ●平地から山地の森林、田畑、やぶなど ❹

**セアカゴケグモ**

猛毒だが、症状は個人差が大きい。メスのほうが大きくて毒が強い。●ヒメグモ科 ●体長メス8～12mm、オス5～6mm ●オーストラリア原産。北海道、本州、四国、九州 ●側溝、人工物のすき間、夜間照明のある運動場など ⊗

**セアカゴケグモにかまれると**

きばが短い(長さ0.5mm程度)ので、かまれたときはチクッとするだけで、かみあとも目立たない。毒は神経毒でゆっくりきき始め、数時間ではげしいいたみやあせが出る(発汗)、どきどきする(動悸)などの全身症状が起こる場合もある。毒による死亡例はないので、あわてずに病院へ。

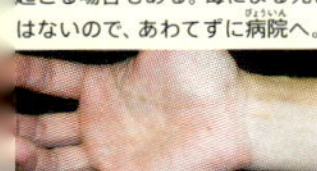

かまれてから1時間後

**ハイイロゴケグモ**

小型だが、猛毒。日本ではかまれた例がほとんどない。●ヒメグモ科 ●体長メス7～10mm、オス3～6mm ●アフリカ原産。本州、九州、琉球列島 ●ベンチ、植えこみ、公衆トイレなど ●一年中 ⊗

**ゴケグモ類の分布**

ゴケグモ類は、大きな港のある都市で多く見つかっていて、海外からの貨物とともに運ばれてきたと考えられる。さらに、貨物や自動車などについて日本各地に運ばれ、分布は拡大している。

●＝セアカゴケグモ

●＝セアカゴケグモ、ハイイロゴケグモの両方

(2017年2月現在、環境省資料より)

メス

**クロゴケグモ**

猛毒で、アメリカでは血清(➔p.25)がない時代に死亡例がある。●ヒメグモ科 ●体長メス10～15mm、オス3～6mm ●北アメリカ南東部原産 ●あれ地の草や岩のすき間、市街地の建物周辺 ⊗

**ツヤクロゴケグモ**

毒の強さはガラガラヘビの10倍以上ともいわれるが、量がわずかなので、症状は毒ヘビほど重くはない。●ヒメグモ科 ●体長メス8～12mm、オス3～6mm ●アメリカ西部原産 ●さばくや乾燥地の岩のすき間や草むら ⊗

ゴケグモ類のオスは小型で、メスよりきばも短いが、毒性はあるので注意。

29

**ひとことコラム**

危険生物についての豆知識。

**関連ページをしめす矢印**

関連する情報がほかのページにのっている場合に、矢印マークでそのページをしめしている。

**❶生物の種名**

よく使われている名前をのせている。( )の中は主な別名。

**❷ドクロマーク**

(ドクロマーク・濃)は特に危険な生物(ヒトが死亡した例が多くある、あるいはひじょうに危険)、(ドクロマーク・淡)は危険な生物(危険ではあるけれど(ドクロマーク・濃)ほどではない、あるいはたいへん危険だが、実際に出あうことはあまりない)。

マークの色の濃さは目安。「マークがついていない種は安全」という意味ではなく、被害にあった人の体質や体調、被害にあったときの状況などによって危険の度合いが変わるので注意。

**❸解説**

どのように危険な生物なのか、似た種との見分けポイントをわかりやすく解説する。

**❹データ**

●……科名。ページや見開き内がすべて同じ科の場合、ページのすみの方に科名をのせている。

●……体の大きさ。主な表し方は、前見返しと後ろ見返しにある。

●……分布。「海外の危険生物」以外は、日本のデータ。地名や海域などはp.196へ。

●……すんでいる環境。

●……虫の場合は成虫が見られる時期、植物の場合は果実が見られる時期。

●……幼虫の食べもの。

●……花が見られる時期。

⊗……特定外来生物(くわしくはp.182)。

# 危険生物はどこにいる?

危険生物は、地球上のあらゆる場所にひそんでいる。
この図鑑では、危険生物がひそむ環境をいくつかに分け、
そこで主に見られる危険生物をしょうかいしている。

## 陸の危険生物

(➔p.10)

ふだん生活をしている家屋や公園・農地・川などの身近な場所と、キャンプやハイキングといったレジャーの目的地となる自然豊かな場所。その2つに分けてしょうかいする。

オオスズメバチ
(➔p.16)

ヒグマ(➔p.86)

# 海の危険生物

(➔p.100)

海水浴や磯遊びのためにでかける海岸近くの場所と、海岸から少しはなれてマリンスポーツを楽しむような場所。その2つに分けてしょうかいする。

## 海辺（磯・砂浜・干潟）

カツオノエボシ
(➔p.106)

## 沿岸・沖合

ホホジロザメ
(➔p.128)

# 南の島の危険生物

(➔p.134)

琉球列島や小笠原諸島などで見られる、あたたかな南の島特有の危険生物を、陸と海に分けて、しょうかいする。

## 南の島（陸）

ハブ (➔p.136)

## 南の島（海）

ハナミノカサゴ
(➔p.150)

# 海外・外来の危険生物

(➔p.161)

海外旅行先で出あう可能性がある種を、事件例をまじえ、大陸別にしょうかいする。ヒトや自然環境に大きなえいきょうをあたえている外来種も取りあげる。

## 海外

ライオン
(➔p.165)

## 特定外来生物

ヒアリ (➔p.184)

# 6つの「危険」

この図鑑では、生き物がもつ武器や毒が、ヒトにとってどのように危険なのか、という点に注目した。「刺毒」「咬毒」「吸血・病気媒介」「刺咬傷・けが」「防御毒」「食中毒」の6つのグループに分けて、危険生物をしょうかいする。

## 刺毒

**―さされるとあぶない**

毒針や毒とげでさすことで、相手の体に毒液を注入する。

オオスズメバチ（➔p.16）

ハブクラゲ（➔p.142）

クラゲやスズメバチの毒針にさされる例が多い。

## 咬毒

**―かまれるとあぶない**

かみつくことで、相手の体に毒液を注入する。

オオマルモンダコ（➔p.156）

ヤマカガシ（➔p.27）

毒ヘビや、フグ毒をもつタコにかまれると、命を落とすこともある。

## 吸血・病気媒介

**—血を吸う・病気をうつす**

栄養を得るために、ヒトや動物の血を吸う。ウイルスなどの病原体をうつして、病気にさせることもある。

カやマダニが運ぶ病原体による感染症には注意が必要だ。

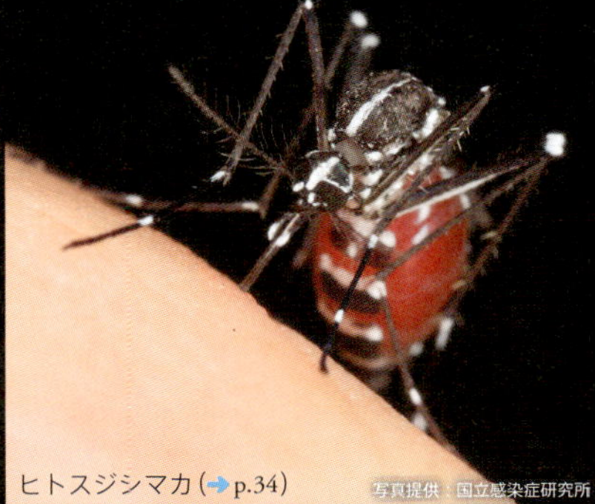

ヒトスジシマカ（→p.34）

写真提供：国立感染症研究所

## 刺咬傷・けが

**—けがを負わせる**

毒はないが、するどいきばやつめでヒトをおそう。

クマやサメなど、強力な武器をもつ生き物におそわれると大けがをする。

ヒグマ（→p.86）

## 防御毒

**—身を守るための毒をもつ**

積極的に相手を攻げきすることはないが、敵から自分の身を守るために、体の表面や内部に毒をもつ。

チャドクガの幼虫（→p.46）

毒毛をもつガの幼虫や、毒液を出す虫にふれると、皮ふ炎を起こす。

## 食中毒

**—食べると病気になる**

ヒトの体にとって、有毒なものをふくむ。

毒があることを知らずに、キノコや植物を食べてしまうととても危険。

ドクツルタケ（→p.99）

# 陸の危険生物

家の周りから森の中まで、陸地にくらす危ない生き物に出あう場面はさまざま。気づかないうちに、危険がせまっているかもしれない。

山菜とりに出かけたら、
危険なマダニや毒草が……
ハイキングをしていたら、
クマの気配が……
南の島だけにひそむ
毒ヘビが……

# 家の周り・田畑にひそむ危険生物

ここでは、部屋の中や家の庭、近所の公園や田畑など、身のまわりで見られる危険な生き物をしょうかいする。

アオカミキリモドキ
(➡p.52)
アカギツネ
(➡p.41)
アカザ(➡p.23)
ヤマカガシ
(➡p.27)
アライグマ
(➡p.40)
カミツキガメ
(➡p.42)
ニホンヒキガエル
(➡p.44)
マツモムシ
(➡p.43)
ニホンマムシ
(➡p.26)
ネコノミ
(➡p.36)
トコジラミ
(➡p.37)
カバキコマチグモ
(➡p.28)

# 最も身近な危険生物スズメバチ

**スズメバチにさされる事故が日本各地で多発している。毎年20人前後の人が命を落とすほどだ。スズメバチの習性を学び、被害にあわないよう、注意しよう。**

日本で最も危険な生き物はスズメバチともいえる。

## ■攻げきまでの3段階

ヒトがスズメバチにさされる事故のほとんどが、気づかず巣に近づいたときに起きている。しかしすぐにさしてくるわけではなく、「これ以上近づくな！」という合図をおくってくる。早い段階で合図に気づき、静かにその場をはなれよう。

### レベル1 警戒

巣の10m以内に近づくと、てい察に来たスズメバチが周りをしつこくとびまわる。

### レベル2 いかく

さらに巣に近づくと、大あごをかみ合わせて「カチカチ」という音を出して、いかくする。針から毒液をとばすこともある。

### レベル3 攻げき

いかくを無視し、さらに巣に近づくと、巣の中からスズメバチがいっせいにとび出して攻げきを始める。

**大声を出したり、走ったり、手ではらったりすると、スズメバチはよけい興奮する。手で頭をおおって、しせいを低くし、ゆっくりと20m以上はなれよう。**

黒と黄色のしまもようは、ほかの動物に危険を知らせるサインになっている。

## 危険な時期

巣が大きくなる夏から秋が、最もさされやすい。女王バチ以外のスズメバチは、冬をこさずに1年で死んでしまう。

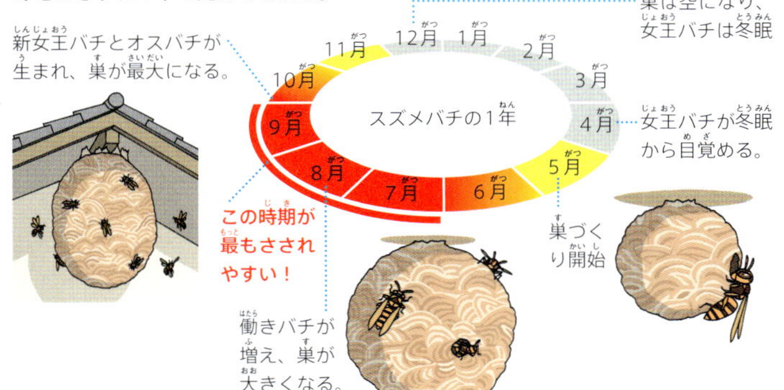


## 毒針のしくみ

スズメバチは、腹部の先にある毒針をいろいろな方向に動かし、相手を何度もさし続けることができる。

相手におそいかかるとき、針が腹部からとび出し、毒の入ったふくろから毒液が送り出される。

## さされないために

都市部でもスズメバチは活動している。家の周りでスズメバチの巣を見つけたら、役所や保健所に駆除の相談をしよう。野外に出かけるときは、服装に気をつける。

**黒い服はさける**

スズメバチは黒いものに向かう習性があるため。頭髪も明るい色のぼうしや、タオルなどでかくす。

**長そで・長ズボンを着用**

服の上からでも針は通るが、被害は小さくなる。

## アナフィラキシーショック

ハチなどの毒で、発熱、頭痛、腹痛、はき気、じんましんなどの症状が出るアレルギー反応を起こすことがある。特に、気を失う、息ができなくなるなどの重いアレルギー反応を「アナフィラキシーショック」といい、死ぬこともある危険な状態だ。また、1度さされたときには平気でも、2度目にさされたときアナフィラキシーショックを引き起こす可能性がある。

香水や整髪料にスズメバチを興奮させる成分が入っていることがあるので、注意が必要。

# 毒針でさす［スズメバチ］

スズメバチ類では世界最大

## オオスズメバチ

攻げき性がとても高く、巣の近くでは相手を15m以上も追いかけ、毒針で何度もさす。さされたときのいたみやはれは、スズメバチの中で最も強い。●体長25～38mm ●北海道～屋久島 ●土の中の空間、木のうろなど ●4～10月

巣は地中につくられるため、気づきにくいので要注意

### 事件ファイル　マラソン大会で100人以上がさされる

岐阜県で開かれたマラソン大会で、115人がスズメバチにさされた。マラソンコースの橋の下に、キイロスズメバチの巣があり、たくさんのランナーが走った振動や足音がハチをしげきしたと思われる。幸い、この事件で死者は出なかった。

## キイロスズメバチ

住宅地などで被害が多い。攻げき性が高く、人家に巣をつくった場合、巣の近くを通っただけでさされることもある。●体長17～24mm ●本州～屋久島 ●家ののき下、かべの間、屋根うら、土の中の空間、木のうろ、木の枝、がけなど ●4～11月

ナシのしるを吸うキイロスズメバチ

50cmをこえる大きな巣をつくることもある。キイロスズメバチは夏に巣を引っこす習性があり、そのときにさされる事故が多い。

刺毒　咬毒　吸血・病気媒介　刺咬傷・けが　防御毒　食中毒

特に危険　危険

●体の大きさ（働きバチ） ●分布 ●環境（巣をつくる場所） ●成虫の時期 ⊗特定外来生物

樹液をなめるチャイロスズメバチ

## チャイロスズメバチ

オオスズメバチに次いで攻げき性が高い。女王バチはキイロスズメバチなどの巣をのっとる。●体長17～21mm ●北海道、本州 ●土の中の空間、木のうろ、家のかべの間、屋根うらなど ●6～11月

## ツマアカスズメバチ

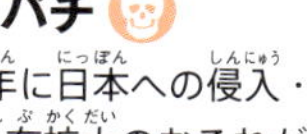

毒針でさす。2013年に日本への侵入・定着が確認され、分布拡大のおそれがある。●体長約20mm ●九州、対馬 ●土の中の空間、しげみや低木、木の高い所 ●4～10月 ⊗

木の高い所に、大きな巣をつくる。

## スズメバチにさされると

さされた場所から十分にはなれた安全な場所で、おちついて手当てをする。アンモニアやおしっこをかけても効果はない。特別な症状（アナフィラキシーショック→p.15）が出ていないか注意しよう。

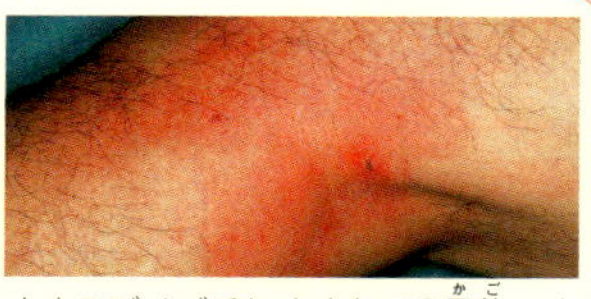
オオスズメバチにさされて3日後。さされると、すぐはげしいいたみがあり、赤くはれる。

### 手当ての方法

①さされた所を水でよくあらう。

②きず口をつまんで、毒をしぼり出す。口で吸い出すのは危険。

③はれやいたみをやわらげるには、冷やすのも効果的。はれやいたみがひどいときは、病院へ。

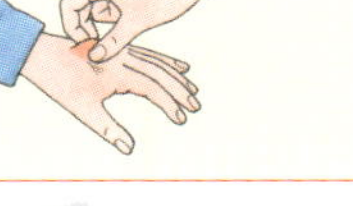

**ポイズンリムーバー**
毒を吸い出す専用の道具。薬局などで買える。

オオスズメバチ

キイロスズメバチ

チャイロスズメバチ

ツマアカスズメバチ

※この見開き内のハチはすべてスズメバチ科

巣をつくるコガタスズメバチ。腹部の先が黄色

## コガタスズメバチ

生けがきや庭木につくられた巣をしげきして、さされる被害が多い。とっくりをさかさにしたような巣をつくる。
●体長21～27mm ●北海道～屋久島 ●木の枝、家ののき下、がけなど ●4～10月

コガタスズメバチの初期の巣。やがて、つつの部分はなくなり、丸い大きな巣になる。

樹液をなめるモンスズメバチ

## モンスズメバチ

スズメバチの中では最もおそい時間（午後9時以降）まで活動することがある。夜も注意が必要。
●体長19～24mm ●北海道～九州 ●木のうろ、土の中の空間、家の屋根うら、かべの間など ●4～10月

### ジュースのかんに入っていることも

ハチはあまいにおいが大好き。野外で飲みかけのジュースなどを置きっぱなしにしていると、中にハチが入りこんでしまうことがある。知らずに飲もうとして、口の中やのどをさされてしまった事故も報告されている。のどの急なはれによって、ちっ息してしまうこともある。

腹部の先が黒

## ヒメスズメバチ

攻げき性は低く、スズメバチの中では被害が最も少ない。アシナガバチの巣をおそい、幼虫とさなぎを狩る。
●体長25～33mm ●本州～九州 ●土の中の空間、木のうろ、家の屋根うらなど ●4～10月

●体の大きさ（働きバチ） ●分布 ●環境（巣をつくる場所） ●成虫の時期

特に危険　危険

刺毒　咬毒　吸血・病気媒介　刺咬傷・けが　防御毒　食中毒

## キアシナガバチ

攻げき性が高く、草かりなどのときに巣をしげきしてさされることが多い。いたみやはれは、アシナガバチの中で最も強い。●体長18～23mm ●北海道～奄美大島 ●家ののき下、石がき、木の枝など ●4～10月

背に黄色の斑紋

放射状に広がるキアシナガバチの巣

## フタモンアシナガバチ

人家周辺で最もよく見られるアシナガバチ。攻げき性はあまり高くないが、巣をしげきすると、さされる。
●体長14～16mm ●北海道～屋久島
●家ののき下、草木の枝や枯れた茎、わかい木
●4～10月

長円形のフタモンアシナガバチの巣

アオムシをとらえたフタモンアシナガバチ

### アシナガバチにさされると

さされたときに、はげしいいたみを感じて赤くはれる。数時間で症状は軽くなるが、次の日にはれてかゆくなることもある。毒の成分によるアレルギー反応を起こすこともある。過去にアシナガバチだけでなく、スズメバチにさされたことがある場合でも注意が必要。
さされてから15分以内に全身に赤くじんましんが出たり、腹痛、はき気、息ができないなどの症状が出たりしたら、アナフィラキシーショック(➔p.15)のおそれがある。すぐに救急車をよぶこと。

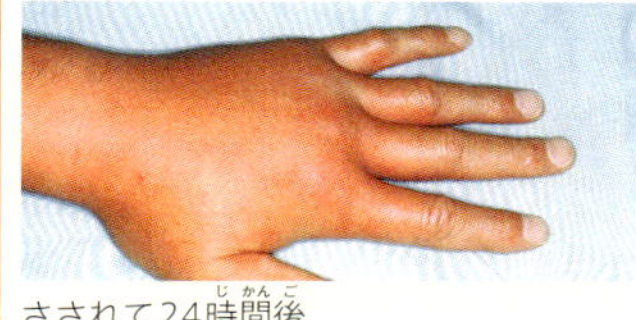

さされて24時間後

※この見開き内のハチはすべてスズメバチ科

## セグロアシナガバチ

市街地で最もよく見られる。攻げき性はやや高く、巣に近づくと、いかくする。●スズメバチ科 ●体長16～22mm ●本州～九州 ●家ののき下、石がき、草木の茎や枝など ●4～10月

巣は放射状に広がり、大きいものでは部屋が400こになることもある。

## コアシナガバチ

市街地にもふつうに生息する。巣に近づかなければさされない。●スズメバチ科 ●体長11～14mm ●北海道～九州 ●日当たりのよいさまざまな場所 ●4～10月

### 事件ファイル 洗たく物の取りこみに注意

ある年の11月、庭にほしてあった洗たく物を部屋に取りこんだ女性が、その直後に家の中でハチにさされた。さしたのはセグロアシナガバチの女王バチで、巣からはなれて冬をこす場所をさがしていて、ほしてある衣服にもぐりこんだと考えられる。

## キボシアシナガバチ

攻げき性はやや高く、巣に近づくだけでさされることがある。
●スズメバチ科 ●体長13～14mm ●北海道～屋久島 ●家ののき下、木の枝や葉のうらなど ●5～9月



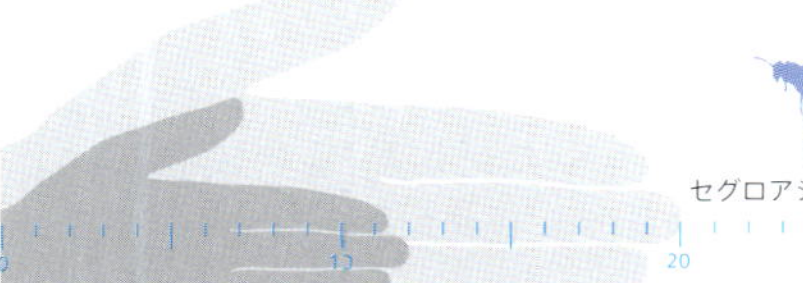

## 毒針でさす［ミツバチなど］

### ニホンミツバチ

おとなしい性格だが、巣をしげきすると集団でおそってくることがある。日本固有のミツバチ。●ミツバチ科 ●体長10〜13mm ●本州〜屋久島 ●木のうろ、墓石の中、家の屋根うらやかべの間など ●3〜10月

### セイヨウミツバチ（ヨウシュミツバチ）

巣をしげきすると、集団でおそってくるため危険。●ミツバチ科 ●体長12〜14mm ●北海道〜琉球列島、小笠原諸島 ●木のうろ、墓石の中、家の屋根うらやかべの間など ●3〜11月

### ミツバチにさされると

ミツバチの毒針は皮ふにささるとぬけにくいため、さした後は内臓ごと皮ふに残ることがある。内臓には毒のふくろ(毒のう)がついているので、おしつぶさないように針だけをピンセットなどでつまむか、つめなどで一気にはじきとばす。さされた後は、うずくようないたみがあり、赤くはれる。過去にミツバチにさされたことがある場合は、じんましんなどのアレルギー反応が出ることが、まれにある。はき気や頭痛、息苦しさなどを感じたら、すぐに病院へ行くこと。

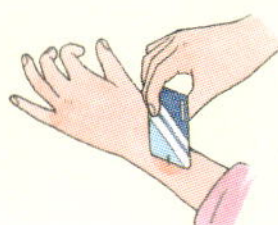

かたいカードのようなもので、横からはらってもよい。

ミツバチは一度さしたら、針と内臓がとれて死んでしまう。

メスにははねがない。

### シバンムシアリガタバチ

腹部の先に毒針をもつ。さされると軽いいたみがある。●アリガタバチ科 ●体長1.3〜2.7mm ●北海道〜九州 ●2〜3年使っているたたみなど、シバンムシ類の発生場所 ●4〜10月

#### 事件ファイル　たたみにひそむハチ

ある年の夏、男性がたたみの部屋で横になっているとチクリとした軽いいたみがあり、アリのような虫を発見した。これは夏にたたみやじゅうたんなどの部屋で大発生することのある、シバンムシアリガタバチのしわざだった。いたみは1時間以内におさまるが、何度かさされるとアレルギー反応が出て赤くはれることもある。

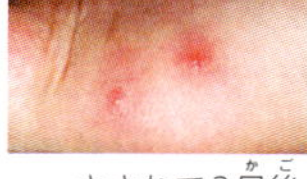

さされて3日後

セイヨウミツバチは全国で飼育され、温暖な地域では野生化した集団がふつうに見られる。

## 毒針でさす［アリ］

### オオハリアリ

腹部の先に毒針をもつ。行列や群れはつくらない。●アリ科 ●体長約5mm ●北海道～琉球列島、小笠原諸島 ●木のしげった庭の、石やたおれた木の下などの地面

シロアリをとらえるオオハリアリ

水を飲むヒメアリ

### ヒメアリ

大あごでかみつき、腹部の先にある毒針でさす。●アリ科 ●体長約1.5mm ●本州～琉球列島 ●石の下、メダケなどの植物のすき間

### シワクシケアリ

腹部の先にある毒針でさす。野外で作業をする人が、たまに被害を受けることがある。●アリ科 ●体長4～5.5mm ●北海道～屋久島 ●石やたおれた木の下、くち木の中など

けんかをするシワクシケアリ

### アリにさされると

庭でガーデニングをしていた女性が、右足にチクリとしたいたみを感じた。10分後、全身に赤い斑点があらわれてかゆくなり、気分も悪くなったため病院に運ばれた。調べてみると庭のくち木にオオハリアリがすんでいて、女性は何度かさされたことがあった。最初にさされたときは軽症だったが、今回はアナフィラキシーショック（➔p.15）を引き起こした。血圧が下がったり、気分が悪くなったりしたときは、アナフィラキシーショックのおそれがある。

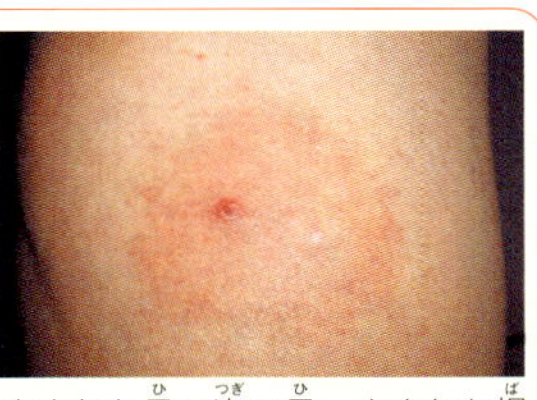
さされた日の次の日。さされた場所の周りも赤くはれあがった。



特に危険　危険



●科名 ●体の大きさ（アリは働きアリ） ●分布 ●環境（アリは巣をつくる場所）

# 毒とげでさす［淡水魚］

川底の石の下やすき間には、毒とげをもつ魚がいる場合がある。うっかりと素手でさわらないように注意しよう。

## アカザ

ひれに短い毒とげをもつ。さされると強いいたみがあり、はれる。●アカザ科 ●全長10cm ●東北以南の本州、淡路島、四国、九州 ●河川上流・中流の石のすき間

## ギギ

ひれに毒とげをもつ。さされるといたい。●ギギ科 ●全長30cm ●琵琶湖・淀川水系以西の本州、四国、九州北部。阿賀野川・三重県宮川に移入 ●河川中流や湖などの岩や水草が多い所

## ギバチ

ひれに毒とげをもつ。さされるといたい。アカザやギギ、ギバチはナマズのなかまで、日本だけにすんでいる。●ギギ科 ●全長25cm ●関東、北陸、東北 ●河川中流や湖

0 10 20 30 40 50 60 70 80 90 100 cm

秋田県の小坂鉱山でオオハリアリが大発生し、多くの作業員が被害を受けたことがある。

# 毒牙をもつヘビ

毒ヘビは、すばやくおそいかかり、かみついた相手に毒液を注入する。日本ではニホンマムシ(➔p.26)の事故が特に多く、毎年1000人ほど、かまれている。

ニホンマムシの毒牙

## 毒牙のしくみ（クサリヘビ科）

マムシとハブ(➔p.136)は、上あごに長い毒牙をもつ。上あごの骨は動かすことができる。毒牙は、口をとじているときはたたまれていて、口をあけると起き上がる。

【口をとじたとき】

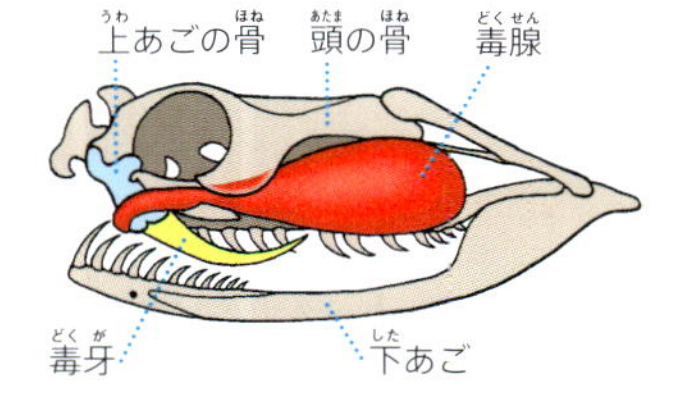


【口をあけたとき】

空どう

上あごと下あごは2つの関節でつながっていて、口を大きくあけられる。

毒牙には長い管のような空どうがあり、毒液は、管の中を通って毒牙の先から出る。注射針のように、えものの体内に毒液を注入することができる。

## 毒ヘビと無毒ヘビ

ヘビには毒牙をもつ種ともたない種がいる。毒牙は口の前の方にあるタイプと、おくの方にあるタイプがある。

【毒牙がないタイプ】

アオダイショウ、シマヘビなど

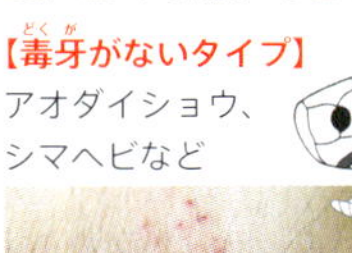

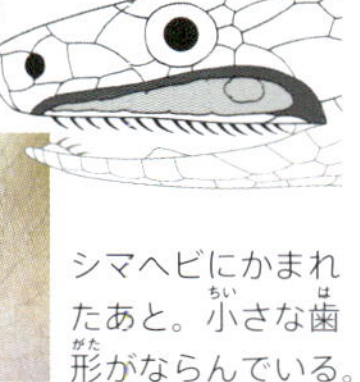

シマヘビにかまれたあと。小さな歯形がならんでいる。

【口の前の方にあるタイプ】

マムシやハブなどのクサリヘビ科、またはコブラ科のヘビ

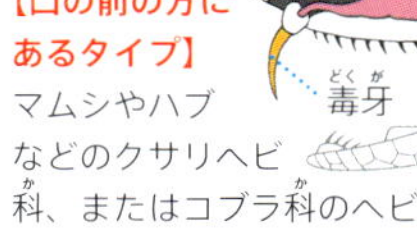


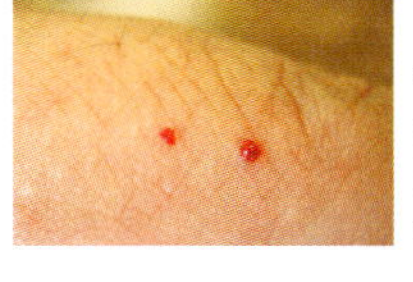

マムシにかまれたあと。針でさしたようなあなが2つある。

【口のおくの方にあるタイプ】

ヤマカガシ(➔p.27)などナミヘビ科の一部。毒牙が短く、口のおくにあるため、軽くかまれただけではあとが残らないことが多い。

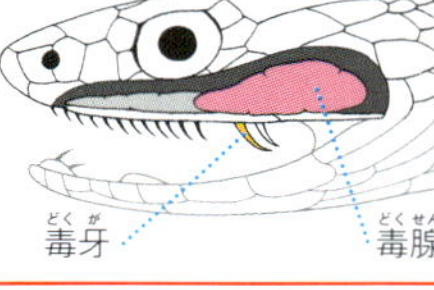


ヘビの歯は何度も生えかわるので、新しい毒牙と古い毒牙がならんで生えている時期もある。

## 毒ヘビにかまれたら

日本の毒ヘビのうち、かまれる例はクサリヘビ科のマムシとハブがほとんど。かまれた部分を中心に、はれといたみが広がる。血管のかべがきずつき、皮下出血や血圧の低下が起こり、はき気、腹痛、げりなども引き起こす。出血が止まらなくなったり、筋肉がとけてしまったりすることもある。

### 手当ての方法

あわてずおちついて病院へ行く。かまれた人はほかの人に運んでもらうのがよいが、自分で移動しなければいけない場合は、走らず、ゆっくり歩く。自分できず口を切って毒を出そうとしたり、強くしばったりしてはいけない。また、冷やしても効果はないといわれている。

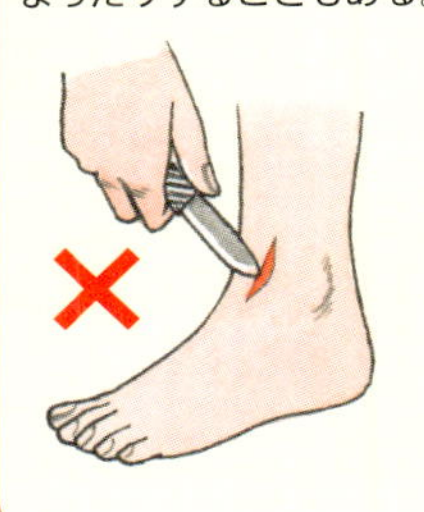

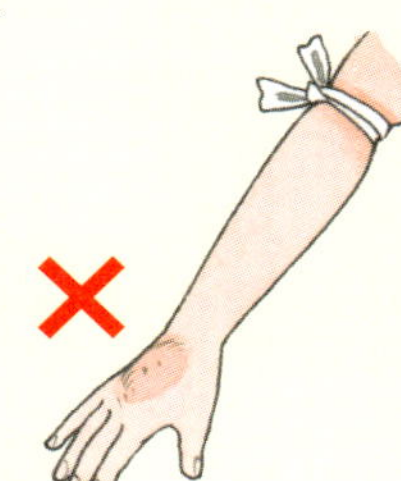

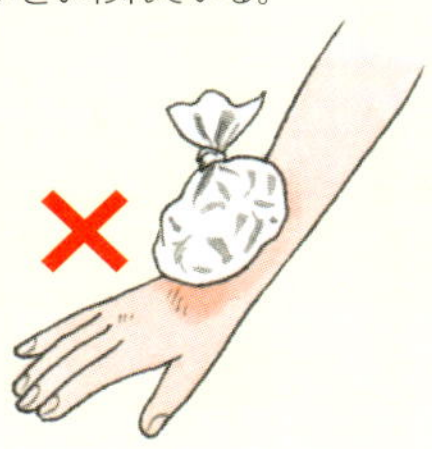

## かまれないために

マムシの事故は、マムシが一日中活動する夏が特に多い。春や秋は、野山での山菜とりや農作業中、気づかずに近づき、手の指をかまれるケースが報告されている。ハブは春と秋の、あまり暑すぎない時間帯での被害が多い(➔p.137)。毒ヘビにかまれるのをふせぐためには、長ズボンや長ぐつをはき、はだを出さないようにしよう。

マムシは夏の夜、道路や駐車場などの開けた所に出てくることもある。

マムシは落ち葉の上などで、日光浴をしていることがよくある。周りの色とよく似ていて目立たないので注意。

### ヘビの毒を中和する「血清」

毒ヘビにかまれたときの治療薬としては「血清」がある。ヘビの毒をもとにつくられたもので、医師だけが使うことができる。

シンリンガラガラヘビの毒を採取しているところ

毒ヘビのかみあとは、必ず2つとはかぎらない。かまれ方によっては1つのときもある。

# 毒牙でかみつく［ヘビ］

だ円形の斑紋のまん中に、こい色の斑紋がある。
個体によって体色にかなりのちがいがある。

## ニホンマムシ（マムシ）

主に夜行性で、道路などにも出てくる。攻げき的ではないが、知らずに近づきすぎてかまれることがある。毒は出血作用が強く、かまれた部分がはれていたむ。●クサリヘビ科 ●全長40～65cm ●北海道、本州、四国、九州と周辺の島 ●平地から山地の森林、田畑、やぶなど

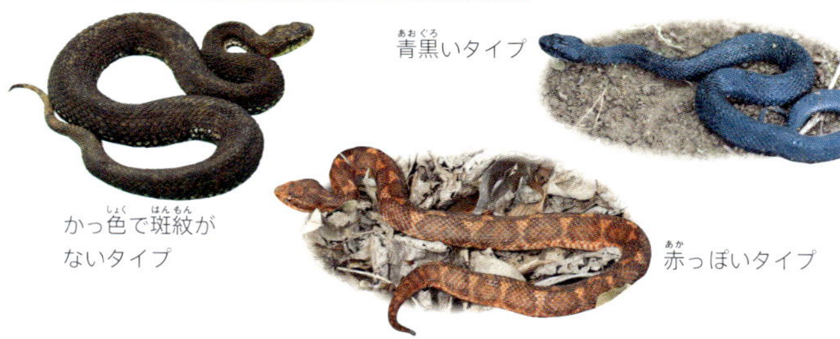
青黒いタイプ
かっ色で斑紋がないタイプ
赤っぽいタイプ

斑紋の中心に暗色の点はない。

## ツシママムシ

毒性はニホンマムシよりやや低いが、攻げき性はより高いといわれる。●クサリヘビ科 ●全長40～60cm ●長崎県対馬 ●水田や山間部の林道などのしめった場所

### マムシにかまれると

かまれた部分からはれが広がり、ひどくいたむようになる。はれやいたみは、次の日から3日目にかけて最もひどくなることが多いが、人によってさまざま。また、はれずに出血が続く場合は毒が血管に入った可能性があり、むしろ危険。毎年数件の死亡例があるが、ほとんどの場合、すみやかに病院で治療を受ければ回復する。

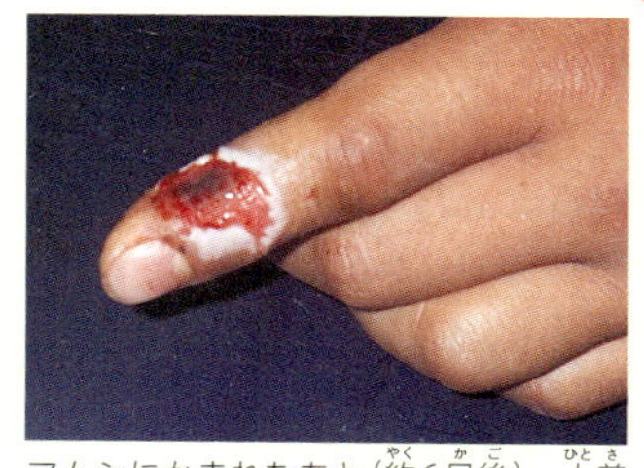
マムシにかまれたあと（約6日後）。人差し指に片方のきばがかすっただけだが、きずの周りの皮ふが壊死してしまった。



特に危険
危険



●科名 ●体の大きさ ●分布 ●環境

かっ色の地に黒と赤の斑紋が特ちょうだが、
個体によって大きなちがいがある。

## ヤマカガシ ☠

攻げき性は低いので、さわらないかぎりかまれることはほとんどない。血がかたまる作用をくるわせ、体のあちこちで出血を起こす毒をもつ。●ナミヘビ科 ●全長70〜150cm ●本州、四国、九州と周辺の島 ●平地から山地の水田、林道、湿地、川辺など

黒いタイプ

青いタイプ

黒と赤の斑紋がないタイプ

首の背面にも毒腺（➡p.44）がある。毒液が目に入るとはげしくいたむ。

**事件ファイル**

### ヤマカガシにかまれて死亡

1984年、14歳の少年がヤマカガシをつかまえたときに、左手をかまれた。数十分後にはげしい頭痛をうったえ、かまれた部分がはれてきて、約19時間後に意識がなくなった。病院で調べたところ脳出血を起こしていることがわかり、手当てをしたが10日後になくなった。

ヤマカガシの毒牙（矢印）

ヤマカガシの場合、前歯で軽くかまれただけであれば毒は入らないが、しっかりかみついてなかなかはなさないことがある。こうなると口のおくにある毒牙から毒が入り、重症になることがある。

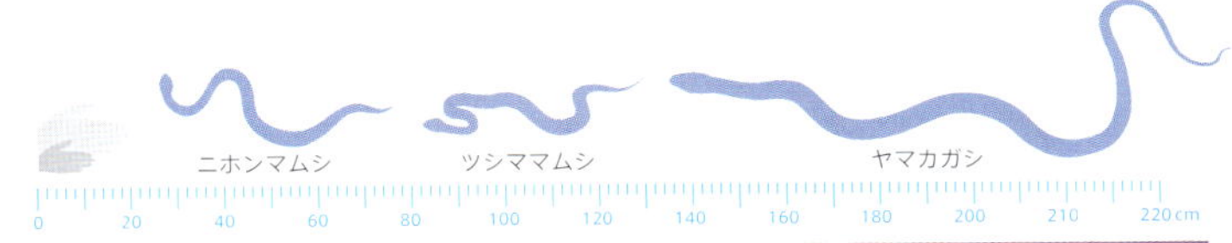


散歩中のイヌがヘビにちょっかいを出して、イヌのほうがかまれることがあるので注意。

# 毒牙でかみつく［クモ］

## イトグモ

毒はとても強く、かまれた場所の組織が壊死するため、皮ふ科の治療が必要。●イトグモ科 ●体長7～10mm ●北アフリカ原産。本州（関東地方以南）～琉球列島 ●家、寺や神社、倉庫の内外、へいや側溝 ●一年中

## カバキコマチグモ

日本では、かまれる被害が最も多いクモ。きばが長く、先から毒を出す。かまれると強いいたみがある。●コマチグモ科 ●体長10～15mm ●北海道～九州 ●河原や林縁の草むら、田畑の周囲 ●7～9月

鋏角
あしが変化したもので、先がきばになっている。

オス。メスよりもあざやかな色をしている。

ススキなどの葉をまいて、産卵のための巣をつくる。

クモの毒は、頭胸部の毒腺でつくられ、鋏角のきばの先から出てくる。

複眼はなく、単眼が8つある。

### 事件ファイル 小学生がカバキコマチグモにかまれる

ある夏、草むらで遊んでいた子どもが、カバキコマチグモの巣と知らずに、まいてある葉を開いて、中から出てきた母グモにかまれた。針でさされたようなするどいいたみを感じ、やがて赤くはれあがった。この子どもは2～3日で治ったが、いたみやしびれがしばらく続くこともある。頭痛やはき気がある場合はすぐに病院でみてもらうこと。

メスは巣の中に卵を産む。交尾や産卵をする夏に、最も攻げき的になる。

刺毒 咬毒 吸血・病気媒介 刺咬傷・けが 防御毒 食中毒

特に危険
危険



●科名 ●体の大きさ ●分布 ●環境 ●成虫の時期 ⊗特定外来生物

## セアカゴケグモ

猛毒だが、症状は個人差が大きい。メスのほうが大きくて毒が強い。●ヒメグモ科 ●体長メス8～12mm、オス5～6mm ●オーストラリア原産。北海道、本州、四国、九州 ●側溝、人工物のすき間、夜間照明のある運動場など

## ハイイロゴケグモ

小型だが、猛毒。日本ではかまれた例がほとんどない。●ヒメグモ科 ●体長メス7～10mm、オス3～6mm ●アフリカ原産。本州、九州、琉球列島 ●ベンチ、植えこみ、公衆トイレなど ●一年中

### セアカゴケグモにかまれると

きばが短い(長さ0.5mm程度)ので、かまれたときはチクッとするだけで、かみあとも目立たない。毒は神経毒でゆっくりきき始め、数時間ではげしいいたみやあせが出る(発汗)、どきどきする(動悸)などの全身症状が起こる場合もある。毒による死亡例はないので、あわてずに病院へ。

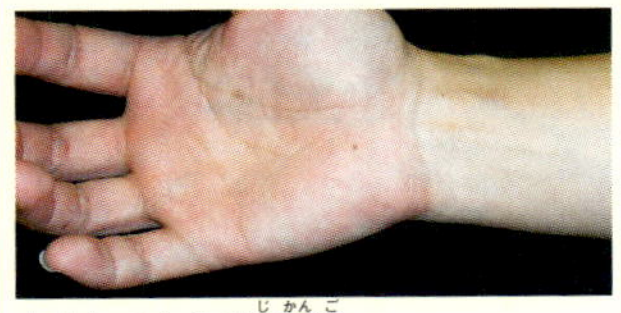

かまれてから1時間後

## クロゴケグモ

猛毒で、アメリカでは血清(→p.25)がない時代に死亡例がある。●ヒメグモ科 ●体長メス10～15mm、オス3～6mm ●北アメリカ南東部原産 ●あれ地の草や岩のすき間、市街地の建物周辺

## ツヤクロゴケグモ

毒の強さはガラガラヘビの10倍以上ともいわれるが、量がわずかなので、症状は毒へビほど重くはない。●ヒメグモ科 ●体長メス8～12mm、オス3～6mm ●アメリカ西部原産 ●さばくや乾燥地の岩のすき間や草むら

### ゴケグモ類の分布

ゴケグモ類は、大きな港のある都市で多く見つかっていて、海外からの貨物とともに運ばれてきたと考えられる。さらに、貨物や自動車などについて日本各地に運ばれ、分布は拡大している。

●＝セアカゴケグモ
●＝セアカゴケグモ、ハイイロゴケグモの両方

(2017年2月現在、環境省資料より)

ゴケグモ類のオスは小型で、メスよりきばも短いが、毒性はあるので注意。

## ジョロウグモ

手でつかまないかぎりかまれることはなく、かまれても症状は軽い。●コガネグモ科 ●体長メス15～30mm、オス4～12mm ●本州～琉球列島 ●林、庭 ●9～12月

## ナガコガネグモ

かまれても症状は軽い。林縁や草むらに直径30～40cmの円いあみを垂直に張る。●コガネグモ科 ●体長メス20～25mm、オス6～12mm ●北海道～琉球列島 ●草むらや田畑の周囲 ●8～11月

## コガネグモ

かまれても症状は軽い。河原や草原に、直径50cm以上の大きな円いあみを張る。●コガネグモ科 ●体長メス20～30mm、オス4～7mm ●本州～琉球列島 ●やぶや草むら、田畑の周囲 ●6～8月

## オニグモ

手でつかまないかぎりかまれることはなく、かまれても症状は軽い。●コガネグモ科 ●体長メス18～28mm、オス15～20mm ●北海道～琉球列島 ●林、家ののき下 ●6～10月

### 危険な毒グモはほんのわずか

アシダカグモは体長15～30mmの大型のクモだ。あみは張らず、昼間はかべのすき間などにかくれていて、夜になるとゴキブリなどの昆虫をとらえる。ゴキブリを食べてくれるのはよいが、夜にトイレやふろ場のかべなどにいると、ぎょっとする。毒は弱く、つかまないかぎりかまれることはない。

ほとんどのクモが毒を出すが、それはえものになる昆虫をとらえるためのもの。まれにヒトにも作用する毒の成分をもつ種類がいるが、世界中のクモのわずか0.1％にすぎない。

ゴキブリをとらえたアシダカグモ。本州から琉球列島、小笠原諸島まで広く分布

特に危険
危険



●科名 ●体の大きさ ●分布 ●環境 ●成虫の時期

# 毒牙でかみつく［ムカデ］

夜になると、石の下などから出てきて、えものをさがす。梅雨時には家の中に入ってくることもある。

## トビズムカデ（オオムカデ）

毒のつめではさむようにかみ、強いいたみがある。日本で最もかまれる被害が多いムカデ。

●オオムカデ科 ●体長8～13cm（沖縄では10～16cm）●北海道南部～琉球列島 ●森林や草むら、田畑、家の周囲

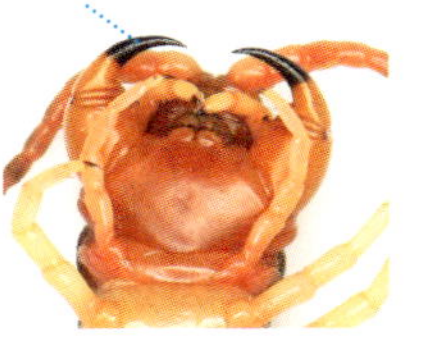

トビズムカデの頭部を腹側から見たところ

### ムカデにかまれると

ハチに似た毒をもっていて、かまれるとすぐに強いいたみが続き、かまれた場所が赤くはれる。死ぬような毒はないが、アナフィラキシーショック（➔p.15）などの全身症状が出た場合は救急車をよぶこと。

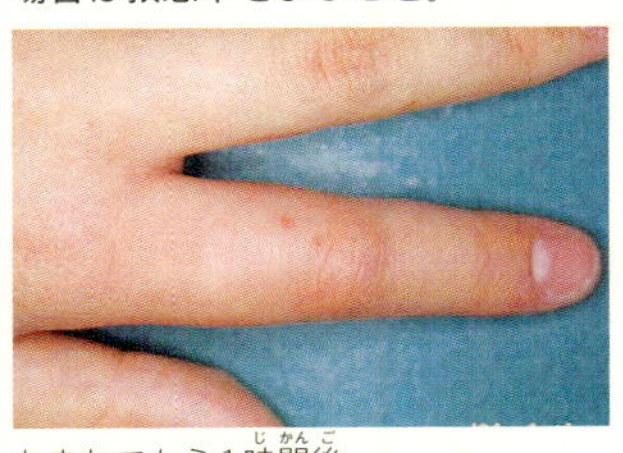
かまれてから1時間後

## アオズムカデ

トビズムカデに似ているが、やや小型。毒は強く、かまれるとかなりいたむ。

●オオムカデ科 ●体長7～12cm ●本州～琉球列島 ●森林や草むら、田畑、家の周囲

## アカズムカデ

日本にいるムカデ類で最も毒が強く、はげしいいたみやしびれがある。重症の場合、リンパ管炎などを引き起こすこともある。

●オオムカデ科 ●体長7～12cm ●本州～琉球列島 ●森林や草むら

ムカデは長ぐつの中に入りこむことがある。特に梅雨の時期は、たしかめてからはこう。

# 病気を運ぶ力

力は、動物やヒトの血を吸いながら病原体を運ぶ。力が運ぶ病気で毎年70万人ものヒトが死んでいるため、地球上で最も危険な生物は、力だといわれている。

ヒトの血を吸うヒトスジシマカ（→p.34）

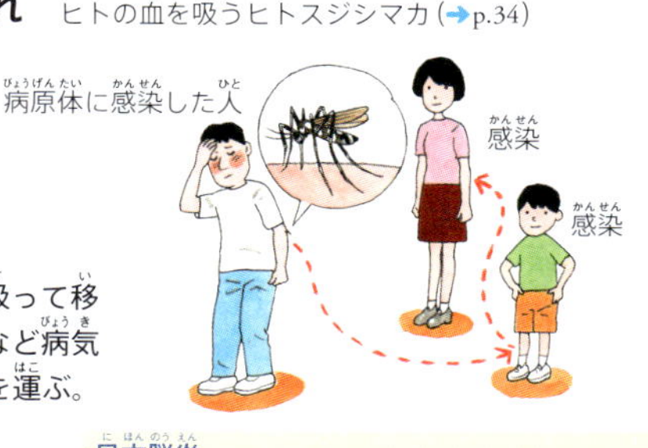


## ■力が運ぶ病気

力は多くの動物やヒトの血を吸って移動するため、ウイルスや細菌など病気（感染症）の原因となる病原体を運ぶ。

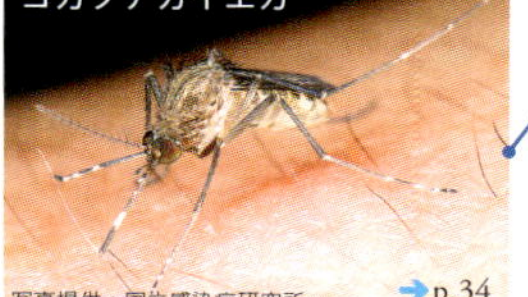

写真提供：国立感染症研究所 →p.34

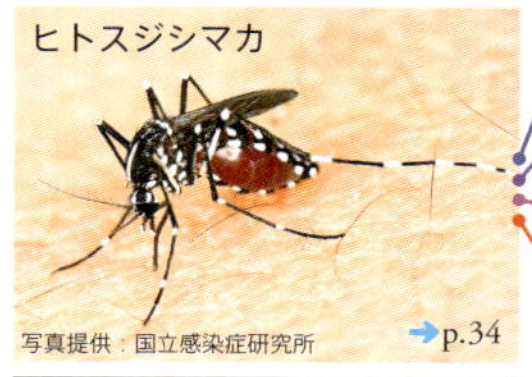

写真提供：国立感染症研究所 →p.34

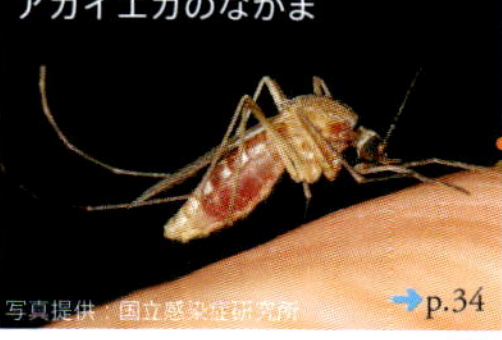

写真提供：国立感染症研究所 →p.34

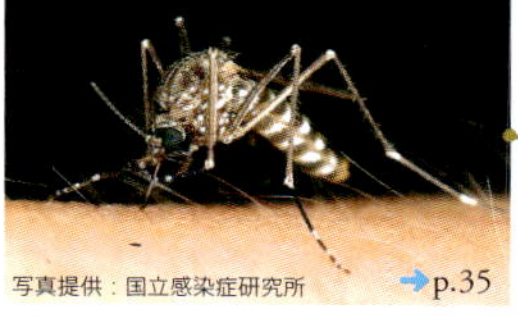

写真提供：国立感染症研究所 →p.35

**日本脳炎**
高熱やけいれんなどが起こり、死ぬことも多い。ブタの体内で病原ウイルスが増える。

**チクングニア熱**
発熱、発疹、関節痛など。関節痛はほかの症状がおさまっても数か月続くこともある。

**デング熱**
高熱、はげしい頭痛、関節痛、筋肉痛などが起こる。死ぬことは少ない。

**ジカ熱**
発熱、関節痛、発疹など症状は軽いが、妊婦が感染すると胎児に障害の可能性。

**黄熱**
高熱、頭痛、寒気、はき気など。重症になると死ぬこともある。

**ウエストナイル熱**
高熱、頭、のど、関節などのいたみ。まれに脳炎となり死ぬこともある。

**バンクロフト糸状虫症（フィラリア症）**
体の中のリンパ管に寄生虫が寄生する。進行すると手足などがはれあがる。

**マレー糸状虫症（フィラリア症）**
体の中のリンパ管に寄生虫が寄生する。進行すると手足などがはれあがる。

力にさされて病原体に感染した人が、移動先で別の力にさされることでも病気は広がる。

## カの体のしくみ

細長くのびている下唇の中から、6本の針を出して皮ふにつきさし、血を吸う。それぞれの針に役わりがある。

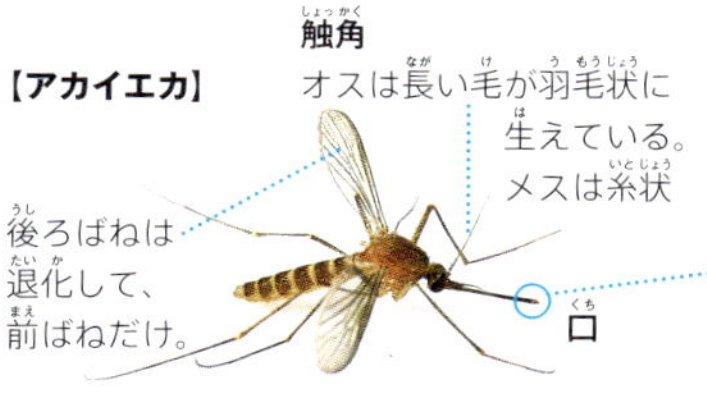


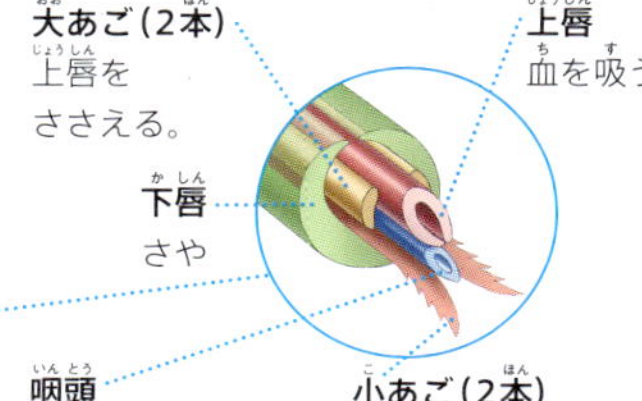


## 発生場所と時期

ヒトスジシマカの行動はんいは、半径100mほど。もし自宅でさされやすいなら、近くにカの発生する水場があるということだ。1週間に1度は、家の周りの雨水がたまりやすい場所や容器を片づけるとよい。

### カの発生時期

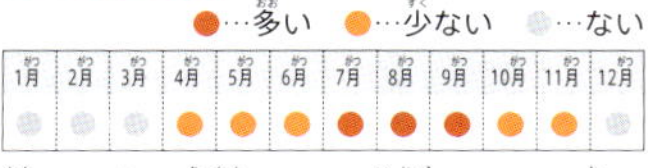


| 1月 | 2月 | 3月 | 4月 | 5月 | 6月 | 7月 | 8月 | 9月 | 10月 | 11月 | 12月 |
|---|---|---|---|---|---|---|---|---|---|---|---|
| ない | ない | ない | 少ない | 少ない | 少ない | 多い | 多い | 多い | 少ない | 少ない | ない |

多くのカは気温が15℃以上になると血を吸い始め、25～30℃でさらに活発になる。

### カの発生する場所

空きかんや空いたペットボトル　バケツ

つまった側溝

古タイヤの内側

植木ばちの受けざら

使っていない飼育ケージ

### 事件ファイル　日本国内で約70年ぶりにデング熱に感染

2014年8月、埼玉県の10代の女性がデング熱に感染した。デング熱は熱帯地方に多い感染症で、デングウイルスをもったカにさされることで感染する。しかしこの女性は海外に行ったことはなく、国内で日本人が感染したのは約70年ぶりだった。調査の結果、東京都の代々木公園をはじめ、明治神宮外苑や上野恩賜公園などが立ち入り禁止となり、カの駆除が行われた。

代々木公園ではカの駆除のために薬がまかれた。

## さされないために

カはヒトが呼吸をして、はき出す炭酸ガス(二酸化炭素)、体温、においなどを感じとって近づいてくる。つまり、呼吸が多く、体温の高い人(たとえば運動した後の人や妊婦さん)ほど、さされやすい。カにさされないために効果的なのは、市販の虫よけスプレーだ。

### カにさされやすい人

カはメスだけが血を吸う。産卵が近づくと、卵をつくるのに必要な栄養をとるためだ。

# 血を吸う・病気をうつす［カ］

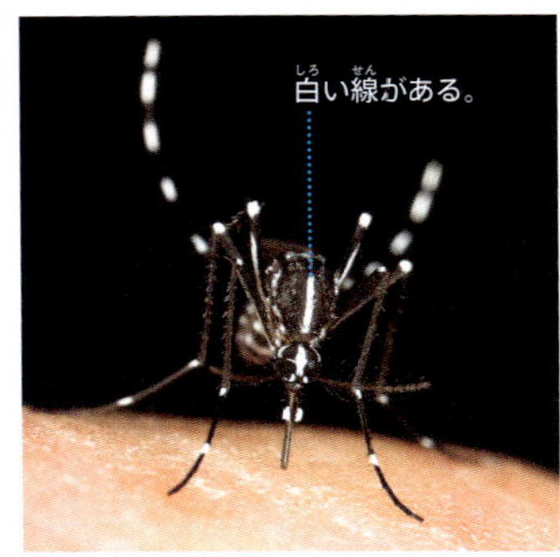

写真提供：国立感染症研究所

## ヒトスジシマカ

ヒトがくらす環境に最もよく適応したカで、日中に血を吸う。デング熱（➔p.32）やチクングニア熱（➔p.32）などの病原体を運ぶ。

●2.4〜3.8mm ●東北地方以南 ●さまざまな自然・人工の水場 ●5〜11月

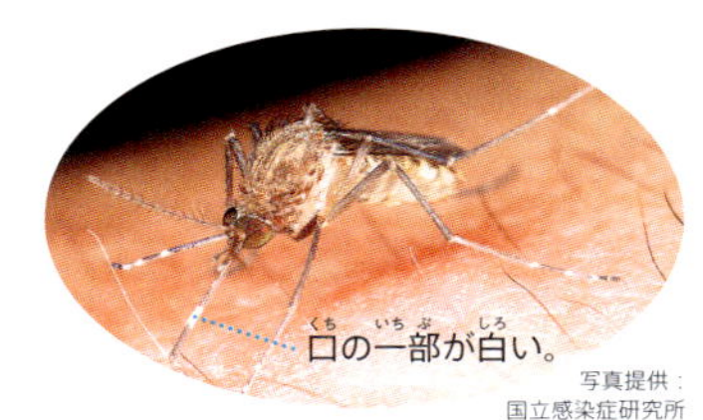

写真提供：国立感染症研究所

## コガタアカイエカ（コガタイエカ）

夜に、大型ほ乳類の血を好んで吸う。日本脳炎（➔p.32）の病原体を運ぶ。

●2.2〜4.0mm ●日本各地 ●水田、池、沼、用水路、わき水など ●4〜10月

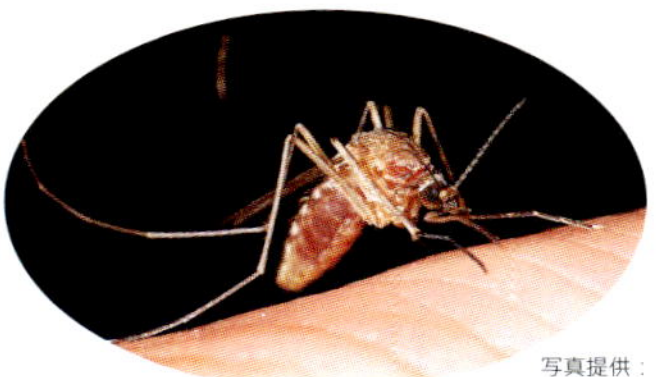
写真提供：国立感染症研究所

## アカイエカ

日本で最もふつうに見られるカ。夜に血を吸い、屋内によく侵入する。ウエストナイル熱（➔p.32）やバンクロフト糸状虫症（➔p.32）の病原体を運ぶ。

●2.8〜5.3mm ●北海道〜九州 ●排水口など、人工的でよごれた開けた水場 ●3〜11月

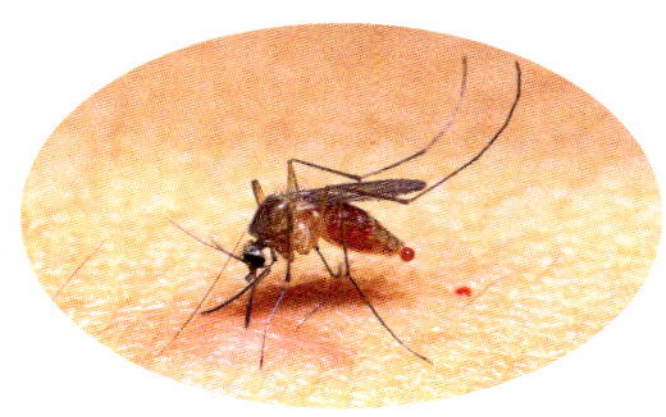

## チカイエカ

屋内によくいる都市害虫で、冬でも活動する。夜に血を吸い、ウエストナイル熱の病原体を運ぶ。●2.8〜5.3mm ●本州〜九州 ●地下の排水がたまった場所など、人工的でよごれた水場 ●一年中

### 重症になるカアレルギー

カにさされたときに、いつまでもかゆみやはれがおさまらず、水ぶくれになったり、深いきずになったりすることがある。その場合、一般的なアレルギー反応とはちがう「カアレルギー（蚊刺過敏症）」の可能性がある。高熱が出たときや、きずが1か月以上治らないときは、病院へ行くこと。

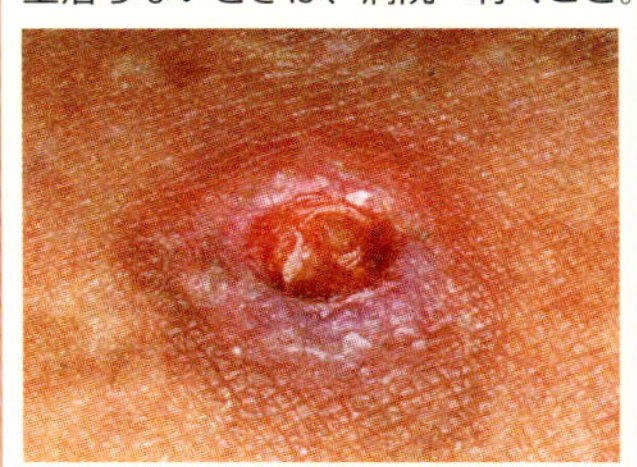
さされてから3週間後。深いきずになっている。

特に危険
危険

●前ばねの長さ ●分布 ●環境 ●成虫の時期

※この見開き内の虫はすべてカ科

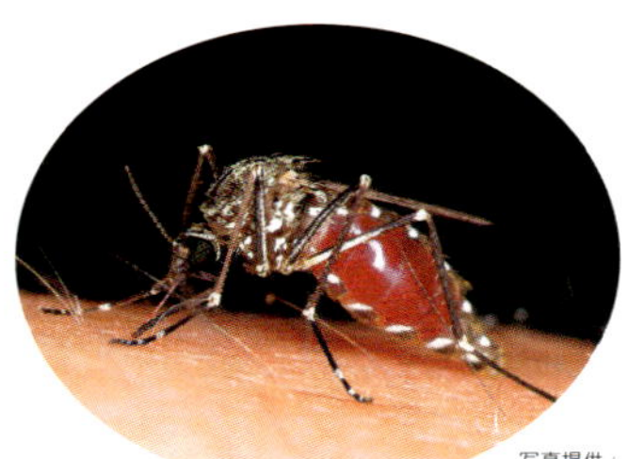

写真提供：国立感染症研究所

## トウゴウヤブカ

昼も夜もはげしくヒトをおそう。マレー糸状虫症（➔p.32）の病原体を運ぶ。●2.6～4.3mm ●北海道～琉球列島、小笠原諸島 ●海岸の岩場や人工の水場 ●5～10月

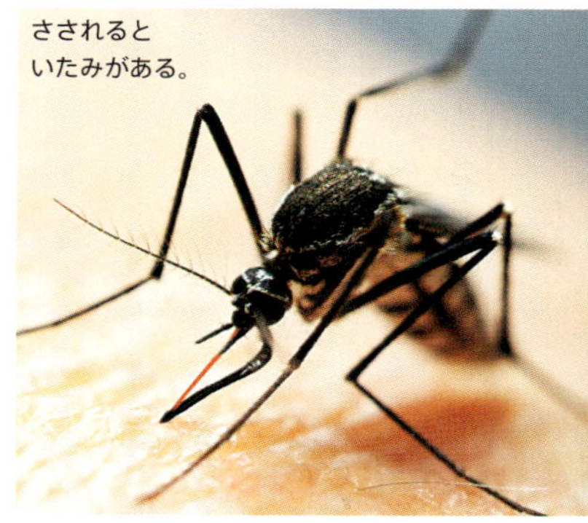

さされるといたみがある。

## オオクロヤブカ

攻げき的で、ジーンズの上からでも血を吸う。昼も夜も血を吸い、特に夕方活発になる。ウエストナイル熱の病原体を運ぶ。●2.8～5.4mm ●本州～琉球列島 ●たまったふん尿が放置された場所など、有機物の多い水たまり ●4～11月

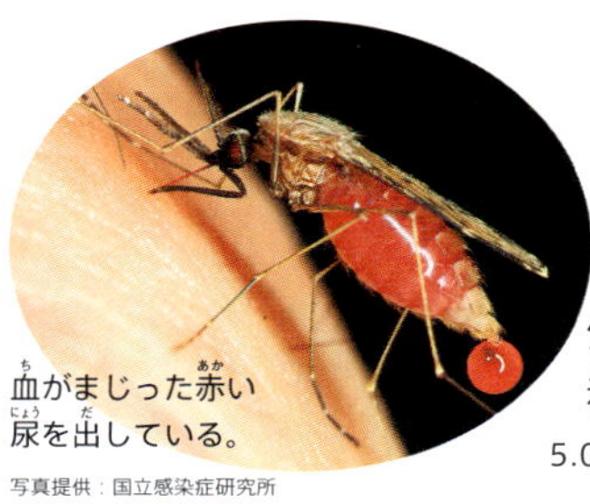

血がまじった赤い尿を出している。

写真提供：国立感染症研究所

## シナハマダラカ

夜に、大型ほ乳類の血を好んで吸う。●3.7～5.0mm ●北海道～琉球列島 ●水田など ●2～10月

### 生まれて初めてさされたときは、かゆくない!?

アレルギー反応は、体内に入ってきた異物（アレルゲン）のじょうほうを覚え、次に同じ異物が入ってきたときにすばやく対応できるようになることによって起こる。そのため、生まれて初めて虫にさされた赤ちゃんは、かゆくなったり、はれたりしない。

#### 「かゆみ」は2種類ある

かゆみの原因となるアレルギー反応には、すぐにかゆくなる「即時型」と、1～2日後にかゆくなる「遅延型」がある。赤ちゃんや幼児はゆっくりかゆくなり、カにさされる回数が多くなるにしたがって、すぐにかゆくなっていく。毎年、カにさされながら年をとると、「遅延型」の反応が弱まる。その後「即時型」の反応も弱まり、やがてなんの反応も出なくなる。

| ステージ | 反応 | 年代 |
|---|---|---|
| ステージ1 | 反応なし | 新生児 |
| ステージ2 | 反応がゆっくり | 乳児～幼児 |
| ステージ3 | 反応がゆっくりか、すぐに反応 | 幼児～青年 |
| ステージ4 | すぐに反応 | 青年～壮年 |
| ステージ5 | 反応なし | 老年 |

ヒトスジシマカの卵は、乾燥しても、水にひたるとふ化することがある。

## 血を吸う・病気をうつす［シラミ、ノミ］

アタマジラミ

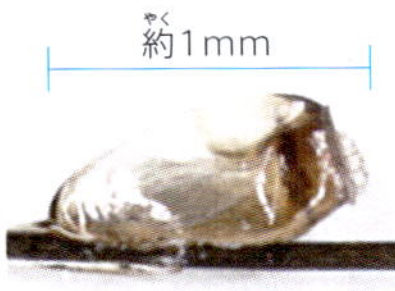


写真提供：国立感染症研究所

アタマジラミの卵

### ヒトジラミ
**（アタマジラミ、コロモジラミ）**

口でさして血を吸い、はげしいかゆみやはれを引き起こす。 ●ヒトジラミ科 ●体長2～3mm ●日本各地 ●頭髪（アタマジラミ）、下着（コロモジラミ） ●一年中

### ケジラミ

さされると、かゆみが強く、あざが残る。はげしくかくと、しっしんになる。子どものまつげやまゆ毛に寄生することがある。●ケジラミ科 ●体長1.3～1.5mm ●日本各地 ●主にいんもう、胸毛、まゆ毛、まつげ ●一年中

#### シラミを見つけたら

アタマジラミは頭から頭へと移動する。そのため集団で昼寝をする保育園や幼稚園、小学校低学年の子どもの間で被害が広がることが多い。強いかゆみがあるときは、早めにシラミや卵がないか、たしかめよう。見つけたら、専用の目の細かいくしや、シラミ駆除専用のシャンプーを使う。

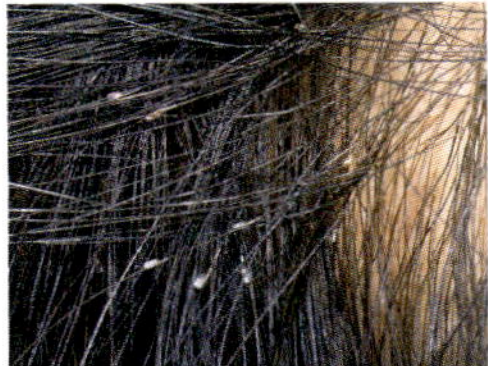

白い点がシラミの卵

### ネコノミ

ネコやイヌに最もふつうに見られる種。日本でノミにさされる被害のほとんどはネコノミが原因。●ヒトノミ科 ●体長1～3mm ●日本各地 ●発生源は、庭や公園、室内のたたみのすき間やじゅうたんの下 ●一年中

#### ネコノミにさされると

ネコノミの被害は夏に集中する。はげしいかゆみがあり、水ぶくれになることも多い。ネコノミが運ぶバルトネラ・ヘンセラ菌に感染したネコにかまれたり、ひっかかれたりすると、猫ひっかき病になることがある。きずが赤くはれ、リンパ節のいたみや発熱などがある。

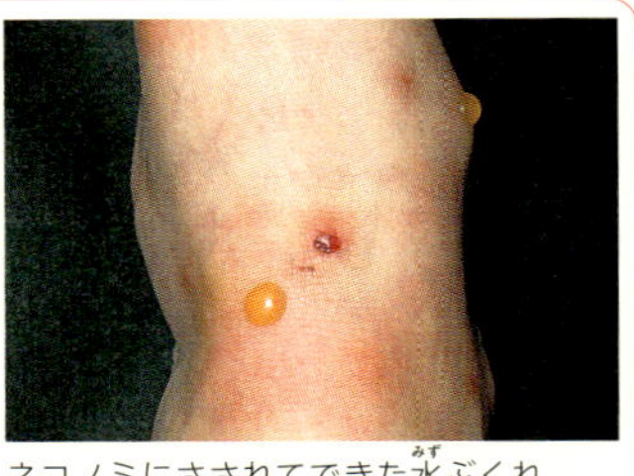

ネコノミにさされてできた水ぶくれ

刺毒
咬毒
吸血・病気媒介
刺咬傷・けが
防御毒
食中毒

特に危険
危険



●科名 ●体の大きさ ●分布 ●環境 ●成虫の時期

## 血を吸う・病気をうつす［トコジラミ］

### トコジラミ

口でさして血を吸う。さされた部分が赤くなり、はげしいかゆみが出る。シラミという名がついているが、カメムシのなかま。●トコジラミ科 ●体長約5mm（成虫） ●日本各地 ●家の中 ●一年中

### トコジラミにさされると

トコジラミが血を吸うときに注入するだ液がアレルギー反応を引き起こし、はげしいかゆみと、赤い斑点になる。かゆみはさされてから数日後に出てくることもあるため、トコジラミにさされたとわからない場合もある。虫さされの薬をぬれば1週間程度で治るが、アレルギー反応が強い場合は病院へ行くこと。

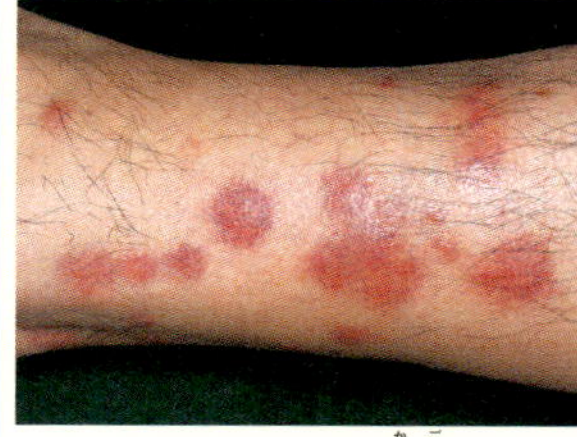

トコジラミにさされて7日後

## 血を吸う・病気をうつす［ダニ］

### キチマダニ

さまざまなほ乳類と鳥類に寄生して、血を吸う。日本紅斑熱リケッチアを運ぶ。
●マダニ科 ●体長約2.5mm（成虫） ●北海道～琉球列島 ●平地～山地 ●一年中

ほ乳類から吸血中のキチマダニ

写真提供：国立感染症研究所

### リケッチアとは？

リケッチアは細菌だが、自分で増えることができず、ほかの生物の細胞の中でのみ増える。感染症の原因の1つで、日本紅斑熱、ツツガムシ病（→p.38）もリケッチアによるもの。

**日本紅斑熱**

日本紅斑熱リケッチアによる感染症。マダニにさされてから2～8日後に高熱と発疹が出る。さし口（さされた場所の赤みと、中心がかさぶたになったもの）があるのが特ちょう。毎年200人以上の患者が報告され、重症の場合は死ぬこともある。

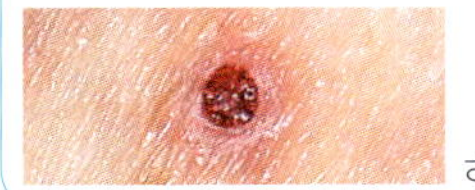

さし口

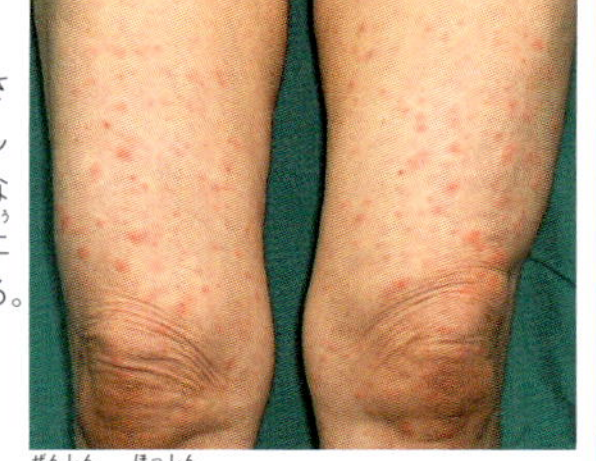

全身に発疹があらわれる。

日本では2000年から、トコジラミによる被害が社会問題になるほどに増えている。

## アカツツガムシ

ヒトの組織液（とけた皮ふの組織）を吸う。ツツガムシ病を引き起こすリケッチア（➔p.37）を運ぶ。

幼虫

成虫は土の中で生活する。

●ツツガムシ科 ●体長0.6～0.8mm（成虫）、約0.2mm（幼虫） ●秋田県、山形県、新潟県、福島県の一部の河川の中流域 ●川辺の砂地や草地 ●幼虫は6～9月

## タテツツガムシ

組織液を吸う。ツツガムシ病リケッチアを運ぶ。●ツツガムシ科 ●体長約0.3mm（幼虫） ●本州～九州 ●草地など ●幼虫は10～12月

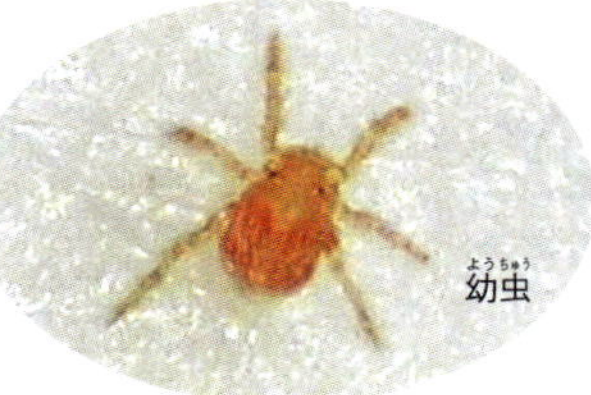

幼虫

幼虫

## フトゲツツガムシ

組織液を吸う。ツツガムシ病リケッチアを運ぶ。●ツツガムシ科 ●体長0.28～0.3mm（幼虫） ●北海道～九州 ●河川しきなど ●幼虫は、東北地方では春と秋、関東より西では冬

### ツツガムシにさされると

ツツガムシがヒトの組織液を吸うのは幼虫のときに1度だけ。成虫は吸わない。さされると、かゆみや軽いいたみのある赤い斑点ができるが、数日～数週間で治る。

**ツツガムシ病**

病原体をもつツツガムシにさされた場合、ツツガムシ病に感染することがある。さされた場所がかさぶたになり、高熱と全身の発疹が出たら病院へ。

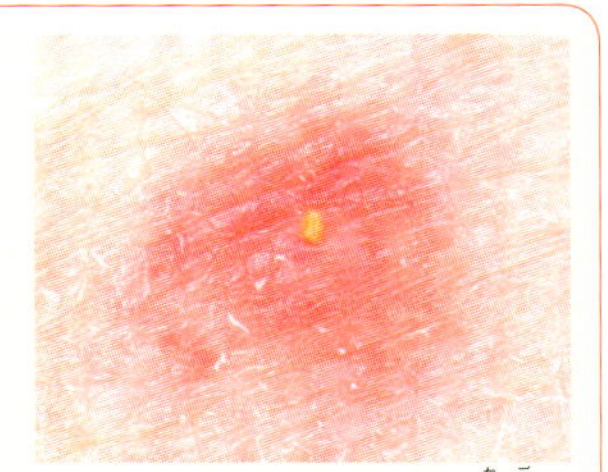

タテツツガムシにさされて2日後。中央に幼虫が食いついている。3日ほどでぬけ落ちる。

## ヒゼンダニ

ヒトの皮ふの下に長さ約5mmになるトンネルをほり進む。疥癬というとてもかゆい病気の原因となる。●ヒゼンダニ科 ●体長0.2～0.3mm ●日本各地 ●ヒトの皮ふの中 ●一年中



特に危険　危険

●科名 ●体の大きさ ●分布 ●環境 ●成虫の時期

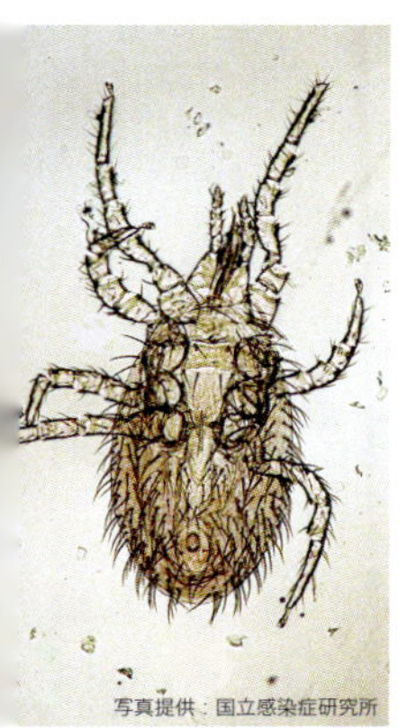

写真提供：国立感染症研究所

## シラミダニ
（ムギシラミダニ）

ヒトをさし、かゆみやはれの原因となる。肺に吸いこむと、ぜんそくなどになることもある。
●シラミダニ科 ●体長約0.2mm ●日本各地 ●屋内 ●4～10月

## イエダニ

血を吸い、さされたところはかゆくなる。腹部や太ももなど、皮ふのやわらかい部分を好む。●オオサシダニ科 ●体長0.6～1mm ●日本各地 ●ドブネズミやクマネズミなどの生息地 ●5～11月

## ミナミツメダニ

ヒトをさし、はげしいかゆみやはれの原因となる。●ツメダニ科 ●体長約0.5mm ●本州、四国 ●通気が悪く、湿気の多い家屋内の主にたたみの部屋 ●夏～秋

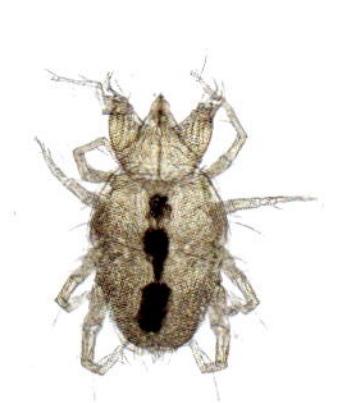

## フトツメダニ
（クワガタツメダニ）

ヒトをさし、かゆみやはれの原因となる。屋内のちりから発見されることが多い。●ツメダニ科 ●体長約0.6mm ●本州～九州 ●屋内 ●夏～秋

# 血を吸う［ヒル］

## チスイビル

皮ふに吸いつき、血を吸う。かつてはふつうに見られ、ヒトや家ちくの血を吸っていたが、現在はとても少なくなっている。●ヒルド科 ●体長3～4cm ●北海道～九州 ●水田、湖沼

# 病気をうつす［ナメクジ］

## チャコウラナメクジ

広東住血線虫（➔p.139）の中間宿主。都市近郊の家の周りでふつうに見られる。
●コウラナメクジ科 ●体長5～7cm ●北海道～九州 ●人家周辺、草地、田畑

1979年以降、集合住宅でミナミツメダニが原因とされる皮ふのかゆみなどが多発している。

# 病気をうつす［ほ乳類］

## ノネコ

ヒトにたよらず野外で生きているネコをノネコという。ネコに寄生するダニがウイルスをもっていると重症熱性血小板減少症候群（SFTS→p.82）に感染する。●ネコ科 ●体重2～9kg ●日本各地 ●ヒトがくらす場所すべて

### 事件ファイル ノネコにかまれて死亡

2016年、50代の女性が弱ったノネコを動物病院に連れていこうとして手をかまれた。数日後、重症熱性血小板減少症候群（SFTS）を発症し、10日後になくなった。SFTSはマダニにさされて感染するが、女性はSFTSに感染したノネコにかまれて、うつされたと考えられている。

## アライグマ

寄生しているアライグマ回虫の卵がヒトの口に入ると、体内で幼虫になり「幼虫移行症」という病気になる。幼虫はヒトの体内で成虫になることができず動きまわり、脳に入ると重い病気を引き起こす。●アライグマ科 ●体長40～60cm、尾長20～40cm ●日本各地で野生化 ●水辺近くの森林、田畑 ⊗

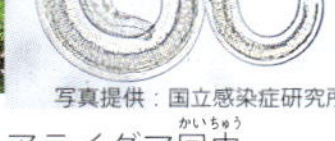
写真提供：国立感染症研究所
アライグマ回虫

### どちらがアライグマ？

ペットとして輸入されたアライグマが野生化し、農作物をあらしたり、タヌキなどの野生動物にえいきょうをあたえたりして、問題になっている。タヌキと見た目が似ているが、顔や尾のもようで区別できる。

**アライグマ**
目の周りの黒いもようが左右つながっている。尾にしまもようがある。

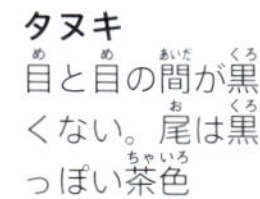

**タヌキ**
目と目の間が黒くない。尾は黒っぽい茶色

刺毒
咬毒
吸血・病気媒介
刺咬傷・けが
防御毒
食中毒

特に危険
危険



●科名 ●体の大きさ ●分布 ●環境 ⊗特定外来生物

キタキツネ
北海道にすむ。
アカギツネの亜種

ホンドギツネ
本州～九州にすむ。アカギツネの亜種

## アカギツネ（キツネ）

寄生しているエキノコックスの卵がヒトの口に入ると、感染して病気になることがある。●イヌ科 ●体長50～90cm、尾長25～55cm ●北海道～九州 ●草原、森林

### エキノコックスとは？

エキノコックスはサナダムシの一種で、成虫はキツネやイヌなどに、幼虫はネズミに寄生する。キツネを例にとると、成虫はキツネの体内で卵を産み、卵はふんといっしょにはいせつされる。ネズミが食物といっしょにこの卵を食べると、体内で幼虫になり肝臓に寄生する。寄生されたネズミをキツネが食べると、キツネの体内で成虫になる。この卵が、何かの機会にヒトの口に入ると、感染して病気になることがある。ヒトの体内に入った卵は幼虫になり、肝臓などに寄生する。しかし、すぐに症状はあらわれず、数年から十数年たってから腹部にふくれた感じや不快感が生じ、皮ふや目が黄色くなったりする。放っておくと死ぬこともある。

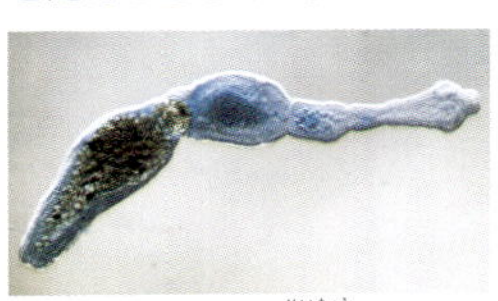

エキノコックスの成虫

キツネのふん

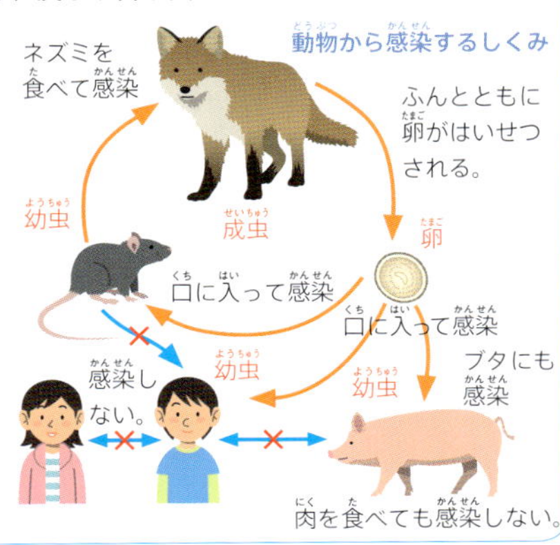

## けがのおそれがある［サシガメ］

### ヨコヅナサシガメ

するどい口吻（ストロー状の口）でさされることがある。さされるとひじょうにいたく、赤くはれることも。●サシガメ科 ●体長16～24mm ●本州～九州（分布を北へ広げつつある） ●市街地のサクラやエノキなどの樹木の幹 ●4～9月

### オオトビサシガメ

口吻でさされることがある。さされるとひじょうにいたい。越冬のため、人家の戸のすき間に入ってくることもある。●サシガメ科 ●体長20～27mm ●本州～九州 ●平地～山地 ●4～11月（成虫で越冬する）

## けがのおそれがある［水辺の生物］

### カミツキガメ（ホクベイカミツキガメ）

するどいあごをもつ。陸では攻げき的になり、かまれると大けがをする。
●カミツキガメ科 ●甲長20～50cm
●国内では移入個体が千葉県や静岡県で繁殖 ●川、湖、沼など ⊗

### ワニガメ

するどいあごをもつ。あごの力はとても強く、かまれると大けがをする。
●カミツキガメ科 ●甲長40～80cm
●日本各地で移入個体が見つかっている
●川、湖、沼など

### ニホンスッポン（スッポン）

強いあごをもつ。陸上でつかまえようとすると、すばやくかみつく。一度かみつくと、なかなかはなさない。
●スッポン科 ●甲長15～35cm ●関東、新潟県以南 ●川、湖、沼など

特に危険　危険

●科名 ●体の大きさ ●分布 ●環境 ●成虫の時期 ⊗特定外来生物


刺毒　咬毒　吸血・病気媒介　刺咬傷・けが　防御毒　食中毒

背中を下にし、後ろあしをのばして泳ぐ。

## マツモムシ

口吻でさされると、ひじょうにいたい。小さな水たまりでも生息できる。●マツモムシ科 ●体長11～14mm ●本州～九州 ●農耕地や里山の湖や沼、人工の小さな水たまり ●3～11月

口吻で小魚の体液を吸う。

## タイコウチ

口吻でさされると、ひじょうにいたい。口吻の根もとからくさい液を出す。●タイコウチ科 ●体長30～35mm ●本州～琉球列島 ●平地や丘陵の池、沼、水田など ●3～11月

がんじょうな前あしでカエルをつかまえる。

## タガメ

口吻でさされると、ひじょうにいたい。農薬などの影響で激減している。●コオイムシ科 ●体長約60mm ●本州～琉球列島 ●平地や丘陵の池、沼、水田など ●5～10月

幼虫

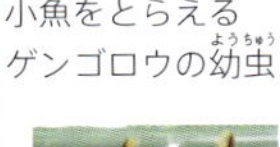
小魚をとらえるゲンゴロウの幼虫

成虫

## ゲンゴロウ（ナミゲンゴロウ）

幼虫はするどい大あごでかみつく。口からまひ毒をふくむ消化液を注入するため、かまれるとひじょうにいたい。●ゲンゴロウ科 ●体長35～40mm ●北海道～九州 ●水生植物が多く生えている湖や沼、ため池 ●一年中。幼虫は5～7月

## アメリカザリガニ（エビガニ）

大きなはさみあしをもつ。つかまえるときに、指をはさまれないように注意。●アメリカザリガニ科 ●体長約12cm ●日本各地に移入 ●湖、沼、池、水田など

タガメなどの水生昆虫を不用意にさわってはいけない。さされて皮ふが壊死することもある。

## 皮ふから毒を出す［カエル、イモリ］

### ニホンヒキガエル（ヒキガエル、ガマガエル）

日本産のカエルの中で最も毒が強い。毒が目に入るとはげしくいたむ。●ヒキガエル科 ●体長8～17.6cm ●本州西南部、四国、九州 ●低地から山地

### ニホンアマガエル

皮ふのねん液に弱い毒がある。さわった後、目をこすったりするといたむことがある。●アマガエル科 ●体長2.2～4.5cm ●北海道～屋久島 ●低地から山地

### アカハライモリ（イモリ）

皮ふからフグ毒をふくむ毒液を出す。おこらせると赤い腹を見せて、毒のあることを警告する。●イモリ科 ●全長8～13cm ●本州、四国、九州 ●低地から山地

#### ヒキガエルの毒を利用するヘビ

ヤマカガシ（➔p.27）は、首の背面にも毒腺がある。イヌなどに首をかまれたり、ヒトにぼうでたたかれたりすると、毒液がとびちる。この毒は、ヤマカガシが食べたヒキガエルの毒を自分の毒に再利用したものだ。

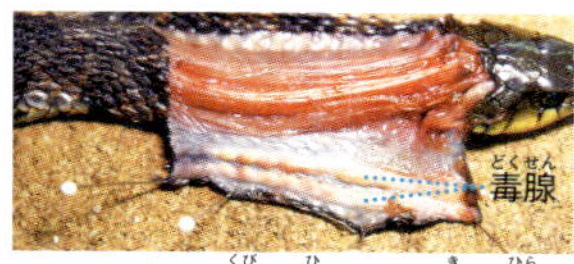

ヤマカガシの首の皮ふを、切り開いたところ

ヒキガエルを飲みこむヤマカガシ

ニホンヒキガエル　ニホンアマガエル　アカハライモリ

0　10　20　30　40　50　60　70　80　90　100cm

特に危険
危険



●科名 ●体の大きさ ●分布 ●環境 ●成虫の時期 ●幼虫の食草

## 毒毛をもつ［ドクガ、カレハガ］

成長した幼虫の体長は3cm以上
成虫

### ドクガ

幼虫から成虫まで毒針毛（➔p.46）をもつ。市街地ではあまり見られないが、夜に明かりに集まってきた成虫による被害が多い。●前ばねの長さオス14〜17mm、メス19〜22mm ●北海道〜九州 ●低山地〜平地の林、草地 ●7〜8月 ●サクラ、キイチゴ、コナラ、イタドリなど

### モンシロドクガ（クワノキンケムシ）

幼虫から成虫まで毒針毛をもち、ふれると皮ふ炎を起こす。幼虫は黄色の地に黒斑のあるものと、全体が黒っぽいものがある。●前ばねの長さオス12〜16mm、メス16〜18mm ●北海道〜九州 ●里山、市街地の公園、庭 ●5〜6月、8〜9月 ●クワ、サクラ、ウメ、リンゴ、クヌギ、クリなど

成虫
成長した幼虫の体長は2〜3cm

成虫
成長した幼虫の体長は6cm近く

### マイマイガ（ブランコケムシ）

毒針毛はごく初期の幼虫にしかない。ふれるとちくちくするが、炎症は軽い。街路樹などに大発生することがある。●前ばねの長さオス25〜30mm、メス35〜45mm ●北海道〜琉球列島 ●低山地〜平地の林、草地、市街地の公園や街路樹 ●7〜8月 ●サクラ、クヌギなど多種類の樹木、果樹、草本

#### ドクガの幼虫を見つけたら

毒針毛は、風や駆除のときに枝がゆれてとんでくることもある。幼虫を駆除するときは、ポリぶくろをかぶせて、枝ごと取りのぞこう。

※p.45の虫はすべてドクガ科

成長した幼虫の体長は2cm以上。黄色に白線と黒いこぶがある。白く長い毛は無害

## チャドクガ

毒針毛をもつ。ドクガのなかまでは、幼虫による被害が最も多い。市街地のツバキやサザンカなどの葉に大発生することがある。

●ドクガ科 ●オス12～14mm、メス16～18mm ●本州～九州 ●里山、市街地の公園、庭 ●7月、10月 ●チャ、ツバキ、サザンカなど

**毒針毛** ドクガ科やカレハガ科などの、一部の幼虫がもつ、毒がある毛のこと。チャドクガには黒いこぶに、長さ約0.1mmの毒針毛が30万～50万本も生えている。

### 毒針毛を一生もち続けるチャドクガ

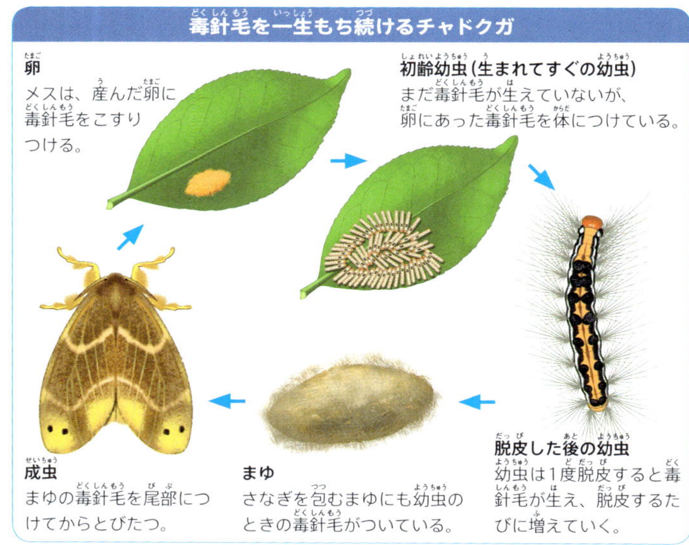

**卵**
メスは、産んだ卵に毒針毛をこすりつける。

**初齢幼虫(生まれてすぐの幼虫)**
まだ毒針毛が生えていないが、卵にあった毒針毛を体につけている。

**脱皮した後の幼虫**
幼虫は1度脱皮すると毒針毛が生え、脱皮するたびに増えていく。

**まゆ**
さなぎを包むまゆにも幼虫のときの毒針毛がついている。

**成虫**
まゆの毒針毛を尾部につけてからとびたつ。

特に危険 危険



●科名 ●前ばねの長さ ●分布 ●環境 ●成虫の時期 ●幼虫の食草

## 【チャドクガのこんなサインに注意！】

葉の上や地面に、卵や幼虫、ふんや食べあとがないか注意する。ぬけ落ちた毒針毛や脱皮した後のからが風で飛んでくることもある。

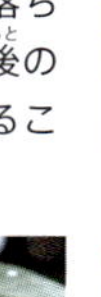

葉の上やうらの卵

脱皮したから

葉の食べあとやふん

まゆ

成虫

### ドクガ類にさされると

幼虫の毒針毛はかんたんにぬけ落ちて、皮ふや衣服にくっつく。毛の中には毒液があり、皮ふにささるとかゆみやぶつぶつなどの皮ふ炎を引き起こす。かきむしると毒針毛がより広いはんいにささる。粘着テープで取りのぞくか、水であらい流すことが大切。かゆみなどは長時間続くので、皮ふ科の治療を受けること。

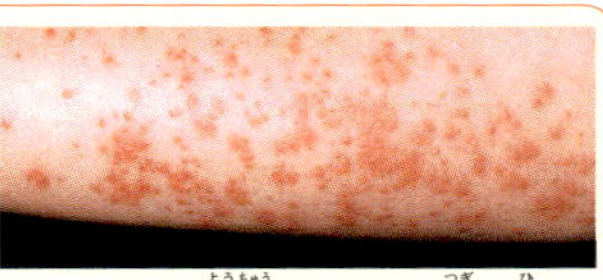

チャドクガの幼虫にさされた次の日

### マツカレハ（マツケムシ）

幼虫の胸部（背中前方）とまゆに毒針毛をもつ。さされるとかゆみやいたみが数日続くこともある。●カレハガ科 ●オス25～30mm、メス35～45mm ●北海道～沖縄島 ●山地～平地の林、市街地の公園や庭 ●6～7月、9～10月 ●アカマツ、クロマツ、リュウキュウマツ、ヒマラヤスギなど

### タケカレハ

幼虫の黒斑部分に毒針毛がある。まゆにもつく。さされるとかゆみやいたみが数日続くこともある。

●カレハガ科 ●オス22～25mm、メス25～30mm ●北海道～九州 ●山地～平地の草原、市街地の公園や庭 ●5～6月、9～10月 ●タケ、ササ、ススキなど

カレハガ類の成虫には毒針毛がなく、無毒。まゆには幼虫の毒針毛がついているので注意。

# 毒とげをもつ［イラガ］

※この見開き内の虫はすべてイラガ科

## イラガ

幼虫の背に多数の毒とげをもつ。さされると瞬間的にはげしいいたみを感じる。庭木でもしばしば見られる。●13～15mm ●北海道～九州 ●里山、果樹園、市街地の公園や庭 ●6～9月 ●カキ、ナシなど

## 【イラガのなかまの毒とげ】

毒とげは毒針毛（→p.46）より大きく、毒液にはヒスタミンなどのはげしいいたみを感じさせる成分がふくまれている。

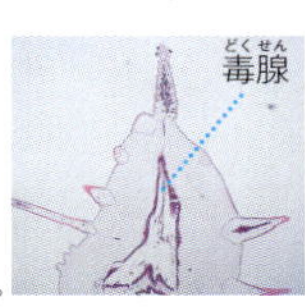


ヒロヘリアオイラガの毒とげのけんび鏡写真。突起内に毒腺があり、毒とげに続いている。

正面から見たイラガの幼虫の毒とげ

## ヒロヘリアオイラガ

幼虫の背に多数の毒とげをもつ。成長すると尾部に毒針毛が生え、まゆにもつく。都市を中心に各地に広がっており、関東以南で被害が増えている。●15～20mm ●本州～琉球列島 ●里山、市街地の公園や庭 ●6～8月 ●サクラ、カエデ、カキなど

わかい幼虫は集団生活をする。

終齢幼虫（成長した幼虫）
体長約2cm

成虫

### アオイラガ類は、まゆにも注意

イラガのなかまの中でもアオイラガ類は、終齢幼虫になると毒針毛も生えてくる。そしてまゆをつくるときに、この毒針毛をまゆにこすりつける。

ヒロヘリアオイラガのまゆ。表面にたくさんの毒針毛がついている。

イラガのまゆには、毒針毛はない。

特に危険　危険



●前ばねの長さ ●分布 ●環境 ●成虫の時期 ●幼虫の食草

## アオイラガ

幼虫の背に多数の毒とげをもつ。成長すると尾部に毒針毛が生え、まゆにもつく。

●15～17mm ●本州～九州 ●低山地～平地の林、果樹園 ●6～7月 ●ヤナギ類、ナシ、クリなど

## クロシタアオイラガ

幼虫の背に多数の毒とげをもつ。ふれると炎症を起こす。庭木にもしばしば見られる。●12～14mm ●北海道～九州 ●低山地～平地の林、市街地の公園や庭 ●5～9月 ●サクラ、カキ、クヌギなど

## イラガ類にさされると

### 毒とげにさされた場合

イラガ類の毒とげにふれると瞬間的にはげしいいたみを感じる。すぐに赤くはれるが、保冷剤などで冷やすと1時間くらいでおさまる。人によってはピリピリしたいたみが残ったり、次の日からかゆみが出てきたりするが1週間ほどで治る。
イラガ類の毒とげによるかゆみは、ドクガ類の毒針毛とちがって、数日で治るが、強いかゆみが続くときには、皮ふ科でみてもらおう。

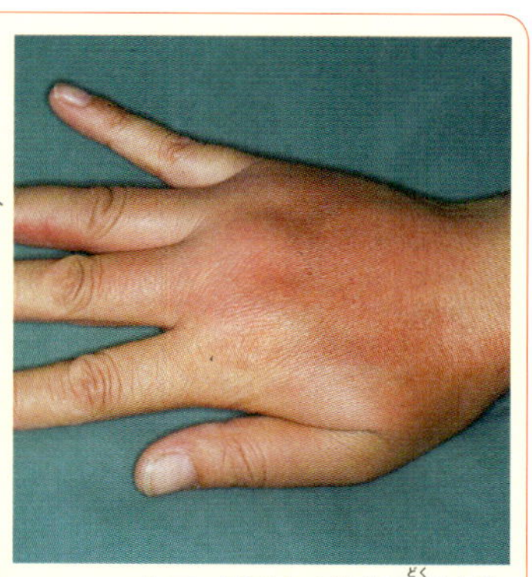

ヒロヘリアオイラガの毒とげにさされた次の日

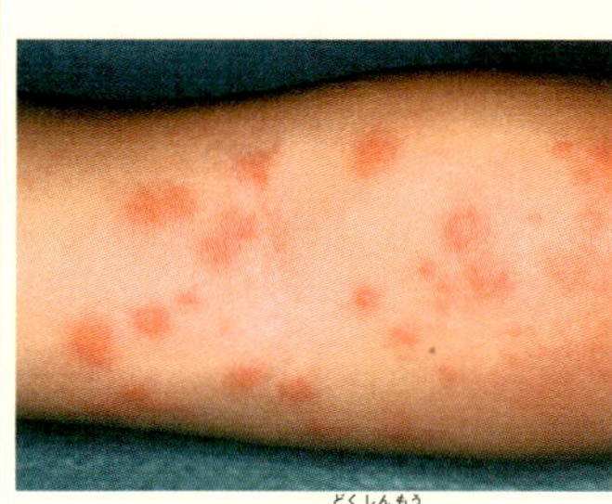

ヒロヘリアオイラガの毒針毛にさされた次の日

### 毒針毛にさされた場合

アオイラガ類の毒針毛にふれると、すぐにピリピリした軽いいたみを感じる。次第に赤くまだらになり、かゆみが出るが、1週間ほどでおさまる。毒針毛がふれた直後なら、粘着テープなどをさされた場所にはって取りのぞく。

イラガのなかまは、多くの種の幼虫が毒とげをもつが、成虫は無害。

## ナシイラガ

幼虫の背に多数の毒とげをもつ。ふれると炎症を起こす。幼虫はこい緑色の体色で、黄かっ色の長い突起を3対もっている。

●イラガ科 ●前ばねの長さ14〜16mm ●北海道〜九州 ●低山地〜平地の林 ●7〜8月 ●ナシ、クヌギ、カキ、ヤマナラシなど

幼虫の体長は1.2〜1.5cm

幼虫の体長は約2cm

## アカイラガ

幼虫の背に多数の毒とげをもつ。落ち葉にまゆをつくるため、うっかり幼虫にふれることがある。幼虫はうすい緑色か水色で、先の赤い大きな突起がある。●イラガ科 ●前ばねの長さ10〜13mm ●北海道〜九州 ●低山地〜平地の林、市街地の公園や庭 ●6〜9月 ●サクラ、ウメ、モモ、バラ、ヤナギなど多種

## ヒメクロイラガ

幼虫の背に多数の毒とげをもつ。ふれるとぴりぴりしたいたみがあるが、イラガ(→p.48)やアオイラガ(→p.49)ほどではない。●イラガ科 ●前ばねの長さオス14〜15mm、メス18〜20mm ●本州〜九州 ●低山地〜平地の林、市街地の公園や庭 ●5〜8月 ●サクラ、カキ、アブラギリなど

幼虫の体長は約2cm

## 毒とげをもつ[マダラガ]

成長した幼虫の体長は約2cm

## ウメスカシクロバ

幼虫の背は、多数の白い毛のような毒とげにおおわれている。ふれるとはげしいいたみがあり、その後かゆみが続く。ウメの葉を食べつくしてしまう害虫として知られる。

●マダラガ科 ●前ばねの長さ9〜12mm ●本州、九州 ●里山、市街地の公園や庭 ●6〜7月 ●ウメ、サクラ、モモ、バラなど

## タケノホソクロバ

幼虫の背にある黒点から、多数の短い毒とげが生えている。ふれるとはげしいいたみがあり、その後かゆみが続く。長い毛は無毒。●マダラガ科 ●前ばねの長さ13～21mm ●北海道～琉球列島 ●低山地～平地の竹林、ササ原、市街地の公園や庭 ●6～8月 ●タケ、ササなど

わかい幼虫は集団で生活する。成長した幼虫の体長は約2cm

### マダラガにさされると

マダラガ類の毒とげにふれると、瞬間的にははげしいいたみを感じる。イラガ類（→p.49）の毒とげと症状や手当ての方法は同じだが、いたみは軽い。強いかゆみが続くときは、皮ふ科でみてもらおう。

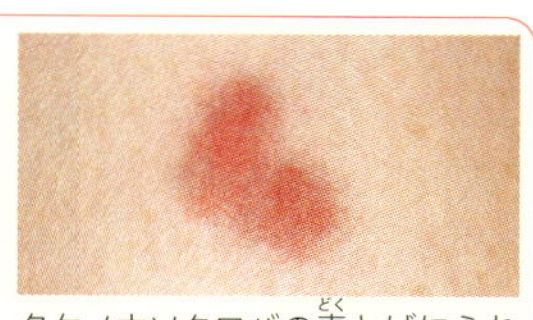

タケノホソクロバの毒とげにふれて2日後

# 毒液を出す［昆虫］

## ミイデラゴミムシ

おそわれると、爆発音をたてて尾部からにおいの強い体液を霧状に噴射する。皮ふにつくとぴりぴりしたいたみを感じる。

●ホソクビゴミムシ科 ●体長11～18mm ●北海道～奄美大島 ●水田や畑の周辺、草原 ●4～10月

ガスを噴射したところ

### 【ガスを噴射するしくみ】

ミイデラゴミムシは、腹部にたくわえた物質で化学反応を起こし、ガスを発生させている。

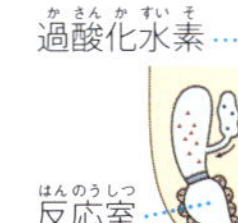


過酸化水素とハイドロキノンが反応室に送られる。

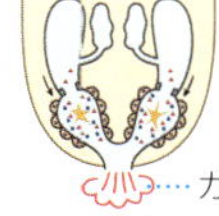


ガスが発生する。

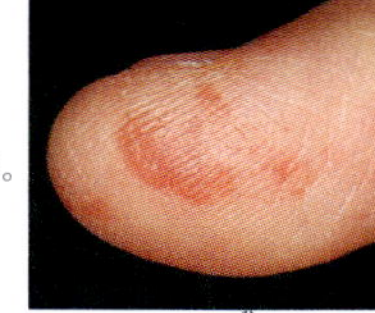

ガスがついた皮ふ

ミイデラゴミムシのガスがつくと、皮ふは茶色にそまるが、数日でうすくなる。

## アオカミキリモドキ

あしなどから毒液を出す。皮ふにつくと数時間後に赤くなり、水ぶくれになる。成虫をつかまえると死んだふりをする。●カミキリモドキ科 ●体長11～15mm ●北海道～屋久島 ●平地～山地 ●5～9月

## ハイイロカミキリモドキ(ランプムシ)

あしなどから毒液を出す。皮ふにつくと数時間後に赤くなり、水ぶくれになる。古くから小笠原諸島での大きな被害が知られている。●カミキリモドキ科 ●体長7～12mm ●北海道～琉球列島、小笠原諸島 ●島や海岸ぞい ●6～8月

## カミキリモドキの体液にふれると

カミキリモドキの成虫をつかまえると、黄色の体液を出す。体液にはカンタリジンという物質がふくまれる。ふれると数時間後に赤くはれ、約24時間後には水ぶくれとなり、やけどのようにひりひりといたむことがあるが、2～4週間で治る。体液が目に入るとひどくいたみ、ひどい場合には失明のおそれがある。

うでや首すじにとまった虫を手ではらいのけたり、つぶしたりすると体液がつくことがある。体にとまったら、息をふきかけて取りのぞく。夜はあみ戸などを使って、虫が室内に入ってこないようにする。

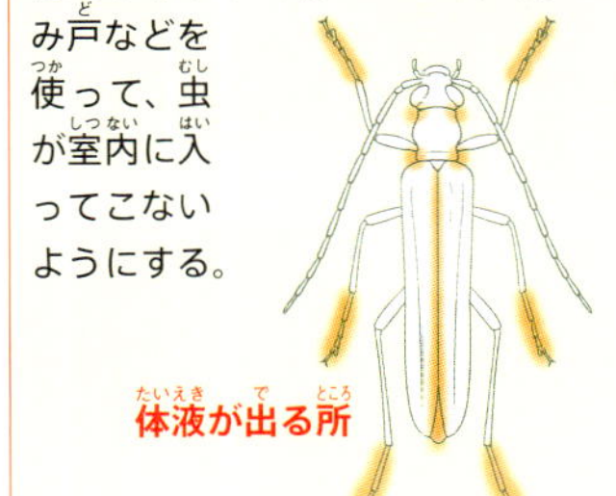


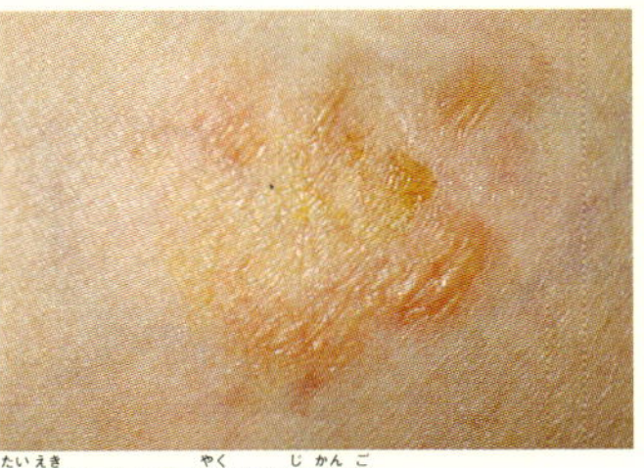
体液にふれて約12時間後

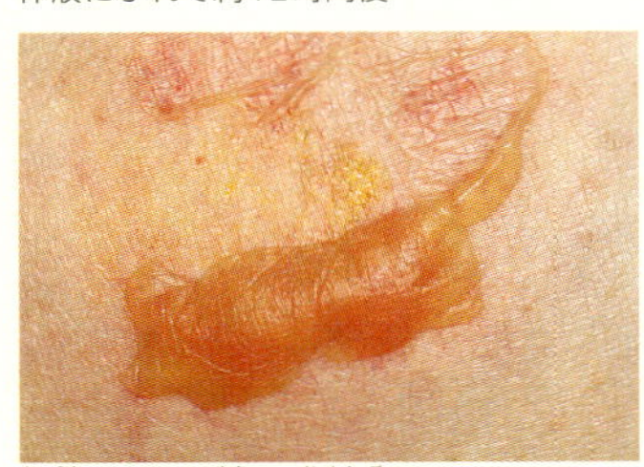
体液にふれて約24時間後

### 手当ての方法

皮ふについた体液は、水でよくあらい流すこと。水ぶくれにはステロイド軟膏をぬるとよいが、皮ふ科でみてもらおう。

## ヒメツチハンミョウ

体液に毒(カンタリジン)をふくむ。皮ふにつくと数時間後に赤くなり、水ぶくれになる。はねが退化していて飛べない。●ツチハンミョウ科 ●体長7～23mm ●本州～九州 ●低地～山地の草地、林縁 ●3～6月、10～11月

メスの触角には太い部分がない。

## ヒラズゲンセイ(トサヒラズゲンセイ)

体液に毒(カンタリジン)をふくむ。皮ふにつくと数時間後に赤くなり、水ぶくれになる。●ツチハンミョウ科 ●体長18～32mm ●近畿、四国、琉球列島 ●クマバチの巣の付近 ●6～8月

## アオバアリガタハネカクシ

体液に毒(ペデリン)をふくむ。目に入ると結膜炎や角膜炎を起こす。●ハネカクシ科 ●体長6～7mm ●北海道～琉球列島 ●水田の周囲やしめった草地 ●4～10月

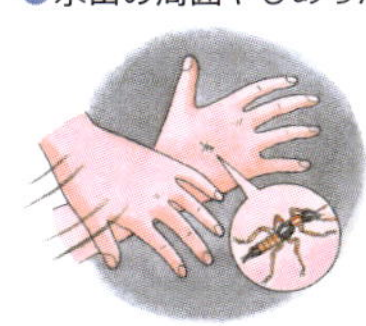
アリガタハネカクシを手ではらいのけると、体液がついて被害を受けることがある。

### アリガタハネカクシの体液にふれると

体液にペデリンという毒がふくまれ、ふれると数時間後に赤くはれ、2～3日後にうみをもった赤みとなり、ひりひりしたいたみを感じる。カンタリジンをふくむツチハンミョウ類も同じような症状が出る。どちらも手当ての方法はカミキリモドキと同じで、2～4週間で治る。

## コアリガタハネカクシ

体液に毒をふくむ。●ハネカクシ科 ●体長10～12mm ●本州(中部以北) ●山地 ●6～8月

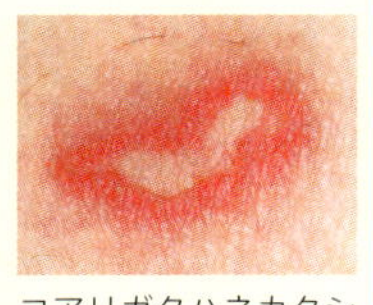
コアリガタハネカクシの体液にふれて4日後

## かぶれる［植物］

### イチョウ

種子の皮（外種皮）にはウルシ（→p.90）に似た成分がふくまれ、さわるとかぶれる。葉でもかぶれることがある。種子（ギンナン）の食べすぎも注意。●イチョウ科 ●約30m ●中国原産 ●公園、街路樹など ●4～5月 ●9～10月

外種皮につつまれた種子

め株には黄色い種子がつく。

#### ギンナンの食べすぎで中毒

ギンナンは昔から食用とされてきたが、一度に多く食べると中毒を起こす。その人の栄養じょうたいや年齢にもよるが、大人では40こ、子どもでは7こ食べて、けいれんやおう吐などの中毒症状を引き起こした例がある。特に小さい子どもは中毒になりやすく、死亡例も報告されている。

ギンナン

### キツネノボタン

茎や葉のしるに、プロトアネモニンという有毒成分をふくむ。しるが皮ふにつくと赤くなったり水ぶくれになったりする。セリ（→p.69）とまちがえて食べると、口や胃の中がただれる。●キンポウゲ科 ●30～50cm ●日本各地 ●日当たりのよい湿地 ●4～7月

### ウマノアシガタ（キンポウゲ）

キツネノボタンと同じ有毒成分をふくむ。花はキツネノボタンによく似ているが、よりかわいた場所に生える。全体に白い毛が多く、葉は円形で切れこみがある。●キンポウゲ科 ●30～60cm ●日本各地 ●日当たりのよい草地 ●4～5月



特に危険　危険



●科名 ●草たけや樹高 ●分布 ●生育環境 ●花の時期 ●果実の時期

## タガラシ

キツネノボタンと同じ有毒成分をふくむ。水田やみぞの中に生える。花はキツネノボタンよりも小さく、たくさんつく。●キンポウゲ科 ●25～60cm ●日本各地 ●田やみぞのふち ●4～5月

## クレマチス

キツネノボタンと同じ有毒成分をふくむ。つる性の園芸植物で、たくさんの品種があり、花の色や形もさまざま。●キンポウゲ科 ●北半球の各地原産 ●庭など ●4～10月

## ラナンキュラス

キツネノボタンと同じ有毒成分をふくむ。園芸植物で、庭などによく植えられる。花の茎は直立して八重ざきのバラのような花をつける。●キンポウゲ科 ●30～50cm ●中近東、ヨーロッパ原産 ●庭など ●3～5月

## アネモネ

キツネノボタンと同じ有毒成分をふくむ。園芸植物で、球根を秋に植えると春に花がさく。夏になると地上部は枯れる。●キンポウゲ科 ●15～50cm ●ヨーロッパ南部～地中海原産 ●庭など ●2～5月

### 植物でかぶれないために

植物のしるにふくまれる成分の中には、しげきの強いものがある。しるが皮ふにつくと、人によってはアレルギー反応が起きて、赤くなったりかゆくなったりし、ひどい場合には水ぶくれができる。かぶれないようにするためには、直接ふれないことが大切。長そでの服を着たり、手袋をつけたりして予防しよう。しるが皮ふについたら、なるべく早く水であらい流そう。

## コニシキソウ

葉や茎をちぎると白いしる（乳液）を出す。しるが皮ふにつくと、かぶれる。地面にはりつくように生え、葉の中央に、こいむらさき色の斑点が目立つ。
●トウダイグサ科 ●北アメリカ原産 ●畑、道ばた ●6～9月

## ポインセチア

葉や茎を切ると白いしる（乳液）を出す。しるが皮ふにつくと、人によってはかぶれることがある。コニシキソウに近いなかまの園芸植物。●トウダイグサ科 ●10～60cm ●メキシコ原産 ●庭など ●12～2月

### 皮ふ炎の原因になる食べ物

身近な果物や野菜の中には、アレルギーや皮ふ炎の原因になるものがある。

**マンゴー**

ウルシ科の植物で、ウルシ（➜p.90）のかぶれ成分に似た物質をふくむため、果汁が顔や手につくとかぶれる人もいる。

**モモなどバラ科の果物**

シラカバの花粉でアレルギーが出る人は、モモ、リンゴ、イチゴなどバラ科の果物を食べると、口の中がはれたり、かゆくなったりすることがある。花粉の構造と、果物にふくまれるたんぱく質の構造が似ているので、アレルギー反応が起きるためと考えられている。

**セロリなどセリ科の野菜**

セロリのしるが皮ふについたまま日光に当たると、皮ふ炎になり、特にしるがくさっていると反応が強くなる。パセリやミツバなどのセリ科の植物にも、同じ作用の成分がふくまれるため、注意が必要。

**パイナップルなど**

たんぱく質を分解する酵素や、はり状の結晶をふくむため、人によっては口の中にぴりぴりとしたしげきを感じることもある。キウイフルーツ、パパイヤ、メロン、バナナなどにも、たんぱく質分解酵素がふくまれる。

特に危険
危険

## プリムラ・オブコニカ

茎や葉の表面に生えている毛に、かぶれを起こす物質がふくまれている。さわっただけで、人によっては皮ふ炎になる。●サクラソウ科 ●20～30cm ●中国原産 ●庭など ●12～4月

## カクレミノ

茎や葉のしるにかぶれ成分がふくまれ、皮ふにつくと皮ふ炎になる。樹液は「黄漆」とよばれ、塗料として利用される。●ウコギ科 ●5～7m ●本州～沖縄 ●山地、庭 ●7～8月

## ヤツデ

茎や葉のしるが皮ふにつくとかぶれることがある。明るい日かげを好む低木で、庭にもよく植えられる。●ウコギ科 ●1.5～3m ●本州～沖縄 ●暖地の海岸近くの山林、庭 ●11～12月

## セイヨウキヅタ（ヘデラ、アイビー）

茎や葉のしるが皮ふにつくとかぶれることがある。常緑のつる植物で、たくさんの園芸品種がつくられている。

●ウコギ科 ●北アフリカ、ヨーロッパ、アジア原産 ●庭など

### よく見かける園芸植物にも注意

庭や公園によく植えられているチューリップにも、かぶれる成分がふくまれている。球根から出るしるに長くふれていると、指先が重い皮ふ炎になることがある。外国ではこのアレルギー症状を、チューリップ・フィンガーとよぶ。球根にふれるときは、手袋をつけたほうがよい。

ポインセチアはクリスマスの花として知られる。赤い部分は花を包む葉が色づいたもの。

# 食中毒を起こす［植物］

## ソテツ

種子に有毒成分がある。種子を加工して食用とすることもあるが、毒ぬきせずに食べると、はき気、めまい、呼吸こんなんなどの症状を起こす。

●ソテツ科 ●2～4m ●九州、沖縄 ●海岸のがけ、公園 ●6～8月 ●秋

お株

太い幹の先から、鳥の羽のような大きな葉が広がる。

め株の種子

## イチイ

赤くじゅくしたやわらかい仮種皮は食べられるが、中の黒くてかたい種子は有毒。●イチイ科 ●15～20m ●北海道～九州 ●山地、庭 ●3～4月 ●10月

## シキミ

果実に有毒物質がふくまれ、食べるとはき気や意識障害、けいれんを起こす。山に生え、墓地などにも植えられる。

●マツブサ科 ●2～5m ●本州～沖縄 ●林の中、墓地 ●3～4月 ●9～10月

葉はあつくてつやがあり、葉をもむと生ぐさい線香のにおいがする。

### 八角と似ているシキミの果実

八角（大茴香、スターアニス）は中華料理などに使われるスパイスで、トウシキミという亜熱帯の植物の果実を乾燥させたもの。トウシキミの木は、日本ではまれに温室で栽培される。

寺や墓地によく植えられているシキミの果実は、八角とよく似ているが、猛毒なので、食べないように注意する。

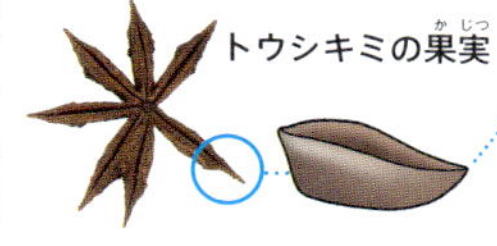


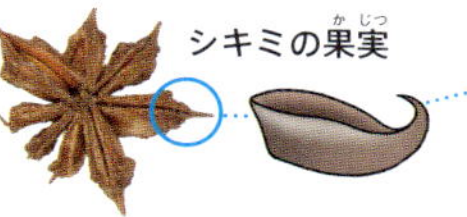


刺毒 / 咬毒 / 吸血・病気媒介 / 刺咬傷・けが / 防御毒 / 食中毒

特に危険 / 危険



●科名 ●草たけや樹高 ●分布 ●生育環境 ●花の時期 ●果実の時期

## グロリオサ（ユリグルマ）

つる性の植物で、根茎にコルヒチンという毒をふくみ、食べるとげりやはき気、呼吸こんなんなどの症状を起こす。中毒死の例もある。●イヌサフラン科 ●熱帯アフリカ・アジア原産 ●庭 ●7～9月

根茎がヤマノイモのいもによく似ているが、表面はなめらかでひげ根がほとんどなく、すりおろしてもねばりが出ない。

春先にギョウジャニンニクの若葉とまちがわれやすい。

春

秋

## イヌサフラン（コルチカム）

鱗茎（球根）や葉などにコルヒチンを多くふくみ、食べるとげりやはき気、呼吸こんなんなどの症状を起こす。中毒死の例もある。●イヌサフラン科 ●5～30cm ●地中海沿岸原産 ●庭 ●9～10月

球根

### 【まちがわれやすい食用の植物】

むかご

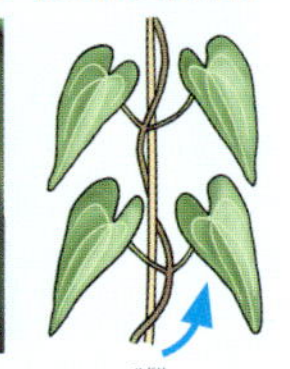

つるは左まき

葉は細長いハート形で向かい合ってつく。

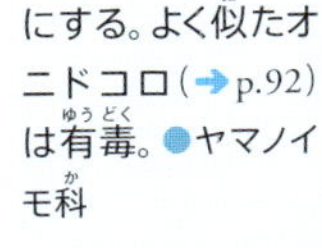

## ヤマノイモ（ジネンジョ）

地下にできるいもと、葉のつけ根にできるむかごを食用にする。よく似たオニドコロ（➔p.92）は有毒。●ヤマノイモ科

たてにのびるヤマノイモのいも。すりおろすとねばりがある。

## ギョウジャニンニク

わかい茎や葉を食用にする。全体にニンニクのような強いにおいがある。有毒のスズラン（➔p.93）にも似ている。●ヒガンバナ科

イヌサフランの球根は、タマネギやジャガイモとまちがわれやすい。事故は秋に多い。

## スイセン

全体にリコリンという毒をふくみ、特に鱗茎（球根）に多い。春にニラやノビル、アサツキの葉とよくまちがわれるが、食べるとはき気、げり、頭痛などの症状を起こす。ニラやネギのようなにおいはしない。

●10～50cm ●地中海沿岸原産
●庭 ●12～4月

**【この見開きの植物とまちがわれやすい食用の植物】**

### ニラ

中国原産のネギのなかまで、葉を食用にする。葉をちぎるとニラ特有の強いにおいがある。秋、茎の先に小さな白い花をつける。

### ノビル

ネギのなかまで、野原に野生化している。ラッキョウに似た鱗茎や、若葉を食用にする。ニラのようなにおいがする。

事件ファイル

### スイセンをニラとまちがえて中毒

2018年4月、山梨県で食中毒が起きた。自宅の庭で育てたニラを収穫するときに、あやまって近くに植えられていたスイセンを収穫、調理してしまった。家族7人のうち5人に、はき気やげりなどの症状があらわれ、病院で手当てを受けた。ほかにも、知人からもらったニラの中にスイセンがまざっていたなど、同じ時期に事故が数件起きている。畑や家庭菜園の近くには、スイセンなどのまぎらわしい植物を植えないこと。

### アサツキ

ネギのなかまで、山地に自生し栽培もされる。ラッキョウに似た鱗茎や、若葉を食用にする。ネギのようなにおいがする。

特に危険
危険



●草たけや樹高 ●分布 ●生育環境 ●花の時期 ※この見開き内の植物はすべてヒガンバナ科

## ヒガンバナ 

毒の成分や部位はスイセンと同じ。葉は花が終わってから出て、初夏に枯れる。春にニラの葉とよくまちがわれるが、強いにおいがない。●30～50cm ●日本各地 ●田畑の周り、墓地 ●9月

鱗茎

## キツネノカミソリ

毒の成分や部位はスイセンと同じ。葉は早春に出て、夏に枯れる。春にニラの葉とよくまちがわれるが、強いにおいがない。●30～50cm ●北海道～九州 ●林の中、庭 ●8～9月

鱗茎

## タマスダレ

毒の成分や部位はスイセンと同じ。鱗茎がノビルと、葉がニラとまちがわれる。葉をちぎってもニラのようなにおいはない。●10～30cm ●ペルー原産 ●庭 ●5～10月

鱗茎

### むやみに食べてはいけない！

植物の中には、ほかの動物や昆虫にかんたんに食べられないよう、有毒な物質をもつものがたくさんある。食べられる植物と似ている場合もあり、まちがえて食べて中毒する事件が毎年起こっている。命にかかわる場合もあるので、食べられると確実にわかっているもの以外は、むやみに食べないようにしよう。

スイセンは園芸植物として知られる。鱗茎はタマネギとまちがいやすいので注意。

## ユズリハ

葉や樹皮に有毒な物質をふくみ、心臓まひや呼吸こんなんなどを起こす。常緑高木で庭などにも植えられ、葉はお正月のかざりに使われる。●ユズリハ科 ●4～10m ●本州～沖縄 ●山地、庭 ●4～5月

## エニシダ

枝や葉、種子にスパルテインという毒をふくみ、食べるとはき気や心臓まひを起こす。春に黄色い小さなチョウ形の花をつける。●マメ科 ●1.5～3m ●ヨーロッパ原産 ●庭 ●4～5月 ●8～10月

## サイカチ

果実は石けんと同じ作用をもつサポニンをふくむ。たんを出やすくする薬になるが、胃腸障害なども起こす。落葉高木で、街路樹にもされる。●マメ科 ●15m ●本州、四国、九州 ●山野、河原、街路樹 ●5～6月 ●10月

### 洗ざいとして使われていたサイカチ

サイカチの果実がふくむサポニンという毒は、石けんと同じ作用をもつ。果実（さやと種子）をきざんで水につけるとあわ立つので、昔は洗ざいのかわりに使われていた。

サイカチの果実。長さ20～30cmにもなる平たいさや状で、かっ色にじゅくす。

## ルピナス（ハウチワマメ）

全体にスパルテインなどの毒をふくみ、食べるとはき気や心臓まひを起こす。葉は手のひらのように深く切れこんで上を向き、花の茎がまっすぐに立つ。●マメ科 ●20～150cm ●北アメリカ原産 ●庭 ●4～6月

刺毒
咬毒
吸血・病気媒介
刺咬傷・けが
防御毒
食中毒

特に危険
危険



●科名 ●草たけや樹高 ●分布 ●生育環境 ●花の時期 ●果実の時期

## ウメ 

未熟な果実や種子には、アミグダリンなど体内で毒に変わる物質がふくまれるため、食べると、はき気や頭痛、呼吸こんなんなどの症状を起こす。●バラ科 ●5～8m ●中国原産 ●庭など ●2～3月 ●5～6月

## アンズ

未熟な果実や種子には、アミグダリンなど体内で毒に変わる物質がふくまれるので、食べてはいけない。種子は、せきを止める漢方薬や杏仁豆腐に使われる。●バラ科 ●5～10m ●中国原産 ●庭など ●3～4月 ●6～7月

## ユウガオ

果実にククルビタシンという苦み成分が多くふくまれると、はき気、頭痛、げりを起こす。苦みが強いときは食べてはいけない。かんぴょうの原料になるつる性植物。細長い果実のナガユウガオと、丸い果実のマルユウガオがある。●ウリ科 ●北アフリカ原産 ●庭、田畑 ●7～9月 ●8～9月

### ユウガオとヒョウタン

ユウガオとヒョウタンは同じ種だが、ヒョウタンは苦くて食べられない。形のおもしろさを鑑賞したり、中をくりぬいて容器や楽器に利用したりする。ユウガオでも、時期や系統によって苦みが強い果実がなることがある。また、ヒョウタンをユウガオとまちがえて食べた例も報告されている。苦みの強いものは食べないようにしよう。

ヒョウタンの果実

ウメは、ジュースや梅酒、梅ぼしなどに加工すると有毒成分が分解され、無害になる。

ピンク色の果実は4つにさけ、赤い種子をぶら下げる。

## マユミ

新芽は山菜として食べられるが、種子の脂肪油は有毒で、食べるとはき気やげりを起こす。●ニシキギ科 ●3〜12m ●北海道〜九州 ●山野の林、庭 ●5〜6月 ●10〜11月

## ニシキギ（カミソリノキ）

マユミと同じく、種子の脂肪油が有毒。葉は小さく、枝の四方にコルク質の翼がつく。果実は小さく、赤い種子を1〜2こぶら下げる。●ニシキギ科 ●1〜3m ●北海道〜九州 ●山地、丘陵の林、庭 ●5〜6月 ●10〜11月

## トウゴマ

種子にはリシンという猛毒がふくまれ、食べると、はげしいはき気やげりを起こすだけでなく、死亡することもある。種子をヒマシ油の原料にする栽培植物。●トウダイグサ科 ●約3m ●アフリカ、インド原産 ●田畑 ●8〜9月 ●10〜12月

### トウゴマにふくまれる猛毒・リシン

ヒマシ油はトウゴマの種子をしぼってつくられる油で、下剤のほか印刷インキや石けんなどに用いられる。種子のしぼりかすには、リシンという猛毒のたんぱく質（油にはとけない）がふくまれていて、まちがって食べるとひどい食中毒になる。吸いこんだり、きず口から入ったりすると毒性はさらに高くなり、たった500万分の1gのリシンで体重50kgの人を殺せるとされる。

トウゴマとヒマシ油

## トウダイグサ

茎や葉をちぎると有毒な白いしるが出て、皮ふにつくと皮ふ炎になる。食べると、はき気やげり、けいれんなどを起こす。丸みのある大きな葉の先に、花が集まっている。●トウダイグサ科 ●20〜40cm ●本州〜沖縄 ●畑、道ばた ●4〜6月

●科名 ●草たけや樹高 ●分布 ●生育環境 ●花の時期 ●果実の時期



特に危険 危険

## ジンチョウゲ

全体に有毒成分をふくみ、食べるとはき気やげりを起こす。茎などのしるが皮ふにつくと、皮ふ炎を起こすことがある。庭や公園によく植えられる常緑低木で、花は強いかおりがある。●ジンチョウゲ科 ●1～1.5m ●中国原産 ●庭など ●2～3月

## ヨウシュヤマゴボウ
**(アメリカヤマゴボウ)**

根や果実にサポニン(➔p.62)を特に多くふくみ、食べるとはき気やげり、まひを起こす。茎は太く赤みをおび、果実はブドウのふさのようにたれ下がり、黒っぽいむらさき色にじゅくす。●ヤマゴボウ科 ●約1.5m ●北アメリカ原産 ●空き地、道ばた ●6～10月 ●8～11月

### ヨウシュヤマゴボウで中毒

ヨウシュヤマゴボウによる食中毒は何年かに一度の割合で起きる。根が食用のゴボウやモリアザミに似ていることや、名前に「ゴボウ」がつくことから、食べられると思いちがいする人がいる。毒は全体にあり、果実もおいしそうだが、絶対に食べてはいけない。

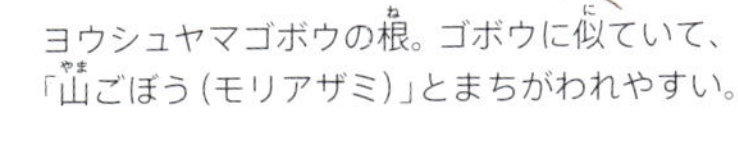

ヨウシュヤマゴボウの根。ゴボウに似ていて、「山ごぼう(モリアザミ)」とまちがわれやすい。

**モリアザミ**
アザミのなかまで、畑で栽培もされる。

モリアザミの根は「山ごぼう」とよばれ、しょうゆづけなどにして食べられる。

トウゴマの種子にふくまれるリシンは油にとけないので、ヒマシ油にはふくまれない。

## アジサイ

有毒な物質をふくみ、葉などを食べるとはき気を起こす。ガクアジサイという野生種を品種改良した、日本原産の園芸植物。●アジサイ科 ●約1.5m ●日本原産 ●庭、公園 ●6～7月

つぼ形の白い花が下向きにたくさんつく。

## アセビ

果実も有毒

全体に有毒な物質をふくみ、食べるとはげしいはき気とげりを起こす。●ツツジ科 ●1.5～4m ●本州～九州 ●岩の多い所、庭 ●4～5月 ●9～10月

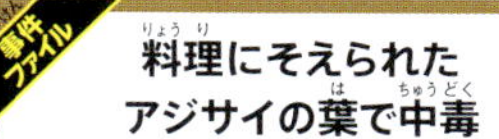

事件ファイル

### 料理にそえられたアジサイの葉で中毒

2008年に、茨城県の飲食店で出された料理にアジサイの葉がそえられていて、食用とかんちがいした人が食べてしまった。30分後、葉を食べた10人中8人に、はき気やめまいなどの症状があらわれた。同じ年、大阪府の飲食店で、だし巻き卵の下にしかれていたアジサイの葉を食べた男性にも、40分後に中毒症状が出た。いずれも数日で回復したが、アジサイの葉のとりあつかいには注意が必要だ。

## カルミア（アメリカシャクナゲ）

葉にアセビと同じ有毒成分がふくまれ、食べるとはげしいはき気とげりを起こす。庭に植えられる常緑低木で、花笠のような花をつける。●ツツジ科 ●1～4m ●北アメリカ原産 ●庭など ●5～6月



特に危険
危険

●科名 ●草たけや樹高 ●分布 ●生育環境 ●花の時期 ●果実の時期

## カロライナジャスミン

全体に呼吸まひを起こす毒成分をふくむ。ジャスミンのような強いかおりの花をさかせる、つる性植物。ジャスミン茶に使うジャスミン（モクセイ科）とはちがうなかま。●マチン科 ●中央アメリカ原産 ●庭 ●4～6月

## コンフリー（ヒレハリソウ）

全体に、食べると肝臓に障害をもたらす物質をふくむ。昭和40年代に健康によい野菜としてブームになったことがある。●ムラサキ科 ●30～100cm ●ヨーロッパ原産 ●庭、田畑など ●5～7月

## キョウチクトウ

枝や葉に、心臓に働く有毒成分がふくまれる。食べると、はき気や心臓まひを起こす。夏に、ピンク色や白の花をたくさんさかせる。●キョウチクトウ科 ●3～5m ●インド原産 ●庭や公園、道路ぞい ●7～8月

事件ファイル

### 校庭のキョウチクトウで食中毒

2017年に、キョウチクトウの葉を食べて、小学生ふたりが食中毒になった。校庭に植えられていたキョウチクトウを食べられる植物とかんちがいして、葉を数枚食べたところ、すぐにはき気や頭痛などの症状があらわれた。数日で退院することができたが、重症になることもある。正しい知識をもたずに、植物を口に入れてはいけない。

庭にさいていたカロライナジャスミンの花をお茶にして飲み、食中毒になった例がある。

## ジャガイモ

芽やその周りにソラニンという有毒な物質をふくみ、食べるとげりや腹痛を起こす。地下茎の先にできるいもを食用にする。●ナス科 ●50～100cm ●南アメリカ原産 ●田畑 ●6～7月

芽が出たジャガイモ

**事件ファイル**

### 学校で育てたジャガイモで食中毒

2009年に奈良市の小学校で食中毒が発生し、35人もの児童が腹痛やはき気をうったえた。学校で育てたジャガイモを、家庭科の授業で皮つきのままゆでて食べたことが原因で、調べたところ市販のジャガイモの約10倍のソラニンがふくまれていた。ジャガイモを調理するときは、皮や芽を確実に取りのぞくこと。

日光を浴びて緑色をおびた皮の部分にも、ソラニンがふくまれる。

果実

## イヌホオズキ

全体にソラニンをふくみ、果実などを食べるとげりや腹痛を起こす。道ばたに生える一年草。果実は球形で黒くじゅくす。●ナス科 ●20～60cm ●日本各地 ●畑、道ばた ●8～10月 ●9～11月

## ヒヨドリジョウゴ

毒の成分や部位はイヌホオズキと同じ。茎はつるになってのびる。果実は赤くじゅくし、おいしそうだが有毒。●ナス科 ●日本各地 ●野原、低い山 ●8～9月 ●10～12月

## ワルナスビ

毒の成分や部位はイヌホオズキと同じ。全体にするどいとげをもち、よく群がって生えている。●ナス科 ●50～100cm ●北アメリカ原産 ●畑、草地 ●6～10月 ●8～12月

刺毒
咬毒
吸血・病気媒介
刺咬傷・けが
防御毒
食中毒

特に危険
危険

**キキョウ**

全体（特に根）にサポニン（➔p.62）をふくみ、そのまま口に入れると、はき気や胃腸のただれを起こす。●キキョウ科 ●40～100cm ●日本各地 ●山野の草地、庭 ●6～10月

**ロベリア**

全体にロベリンという有毒な物質をふくみ、食べるとげりや呼吸まひを起こす。園芸植物で、いろいろな品種がある。花は丸みがある。●キキョウ科 ●5～30cm ●南アフリカ原産 ●庭 ●3～11月

**ミゾカクシ（アゼムシロ）**

毒の成分や部位はロベリアと同じ。食用のセリと同じ場所に生えていて、まちがえていっしょにつんで食べてしまうと中毒を起こす。●キキョウ科 ●3～15cm ●日本各地 ●水辺 ●6～10月

**フキ**

フキノトキシンという発がん物質をふくみ、きちんと調理せずに食べると肝臓に障害を起こす。特にわかい芽が有毒。●キク科 ●70cm ●東北地方以南 ●山地の道ばた、田のあぜなど ●3～5月

わかい花芽を「ふきのとう」といい、山菜として食べる。有毒のハシリドコロ（➔p.97）に似ている。

**【まちがわれやすい食用の植物】**

**セリ**

春の七草の1つで、湿地に生えるほか、田で栽培される。独特のさわやかなかおりがある。●セリ科

葉が有毒のミゾカクシやドクゼリ（➔p.96）に似ている。

キキョウは、秋の七草（秋に花がさく草の中から、代表的な7種をえらんだもの）の1つ。

## 毒にも薬にもなる［植物］

暖地に自生もするが、観葉植物として庭などによく植えられる。

### オモト

果実など、全体に毒をふくむ。根茎は心臓が弱ったときの薬になるが、健康な人ではかえって心臓に負担がかかり、死亡することがある。●ユリ科

根茎

●30～50cm ●関東地方以西の本州、四国、九州 ●林の中、庭 ●5～7月 ●11～2月

球形の果実がウマの首につけるすずに似ていることから、その名がある。

### ウマノスズクサ

かつては根は解毒剤、果実はせき止めの薬に使われたが、腎臓に障害をあたえる有毒成分をふくむので、現在は使われない。つる性の多年草。●ウマノスズクサ科 ●本州～九州 ●野原や川ぞい ●7～8月 ●9～11月

### ナンテン

果実はせき止めの薬になるが、たくさん食べると、けいれんや呼吸まひを起こす。果実は球形で赤または白くじゅくす。庭にもよく植えられる。●メギ科 ●1～3m ●本州～九州 ●山地、庭 ●5～6月 ●10～11月

### 使い方や量で毒にも薬にもなる

植物にふくまれる物質が、ヒトにとって害がある場合に「毒」、都合のよい働きをする場合に「薬」とよぶが、使い方や使う量によって、毒になったり薬になったりすることがよくある。毒と薬の間に、はっきりした区別はない。

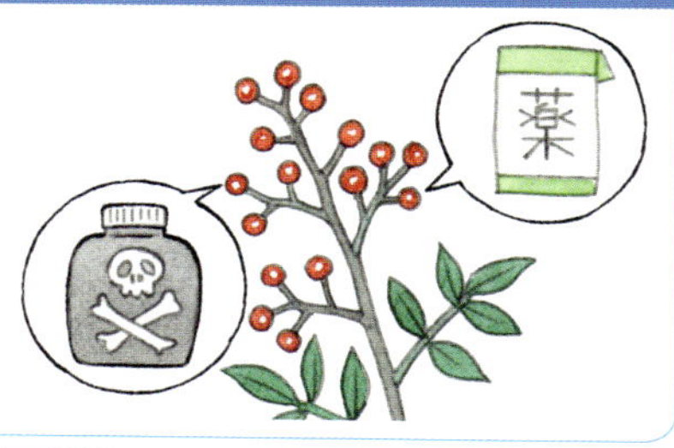


●特に危険 ●危険

●科名 ●草たけや樹高 ●分布 ●生育環境 ●花の時期 ●果実の時期

## アサガオ

種子を粉末にして飲むと下剤になる。ただし作用が強いので、量を多く飲むとひどいげりを起こす。庭などによく植えられる、つる性の一年草。

種子

●ヒルガオ科 ●熱帯から亜熱帯原産 ●庭 ●7～10月 ●8～10月

## チョウセンアサガオ

葉と種子はいたみ止めやせき止めの薬になるが、量をまちがえるとはげしい興奮じょうたいになってあばれ出す。葉のしるが目に入ると、失明するおそれがある。●ナス科 ●1.5m ●インド原産 ●8～9月 ●9～11月

事件ファイル

### ジギタリスで中毒

2008年に富山県で、ジギタリスの葉をミキサーにかけ、飲んでしまった人がいる。飲んだ8時間後に、はき気などの症状があらわれ心臓の機能が低下した。数日後に回復したが、重症の場合は死ぬこともあるので注意が必要。以前、食用とされていたコンフリー（→p.67）と誤食されることが多い。

ジギタリスの葉　コンフリーの葉

### 世界で初めての全身ますい手術

江戸時代の外科医・華岡青洲は、チョウセンアサガオやトリカブト（→p.97）など数種類の薬草を配合して全身ますいをしたことで知られている。青洲は1804年にこのますい薬を使って、世界で初めて、不可能と考えられていた全身ますいによる乳がんの手術を成功させた。

## ジギタリス（キツネノテブクロ）

葉は心臓が弱ったときの薬になるが、健康な人ではかえって心臓に負担がかかり、死亡することがある。食用とかんちがいして食べ、食中毒を起こすことがある。●オオバコ科 ●30～180cm ●ヨーロッパ原産 ●庭など ●5～7月

チョウセンアサガオの根をゴボウとまちがえて食べて、中毒になった例もある。

# けがのおそれがある植物

茎や葉などにするどいとげをもつ植物がある。毒はないが、けがのもとになるので注意が必要だ。野山を歩くときは、植物のとげなどでけがをしないように、はだが出ない服装をしよう。

## ススキ

葉のふちに、するどいとげがならんでいる。●イネ科 ●1～2m ●日本各地 ●日当たりのよい所 ●8～10月

## メギ

葉は束になって枝につくが、そのもとに葉が変形したするどいとげがある。茎と葉をせんじたしるは、目をあらう薬になる。●メギ科 ●1～2m ●本州～九州 ●山野 ●4～5月 ●10～11月

## ジャケツイバラ

つる性の落葉低木で、枝にはかぎ状に曲がったとげがびっしりつく。衣服にからみつき、皮ふをいためる。

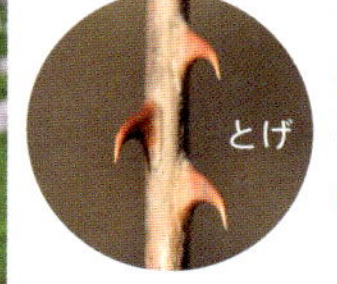


●マメ科 ●1～2m ●本州～沖縄 ●山野や河原 ●4～6月

## ノイバラ（ノバラ）

茎はたくさん枝分かれし、表面にはするどいとげがある。●バラ科 ●1～2m ●北海道～九州 ●野原、林の周り ●5～6月

特に危険　危険



●科名 ●草たけや樹高 ●分布 ●生育環境 ●花の時期 ●果実の時期

## サンショウ

複葉のもとに、するどいとげが２本ある。若葉は山菜に、果実は香辛料になる。葉をもむと強いかおりがする。●ミカン科 ●1.5～3m ●北海道～九州 ●山野、庭 ●4～5月 ●9～10月

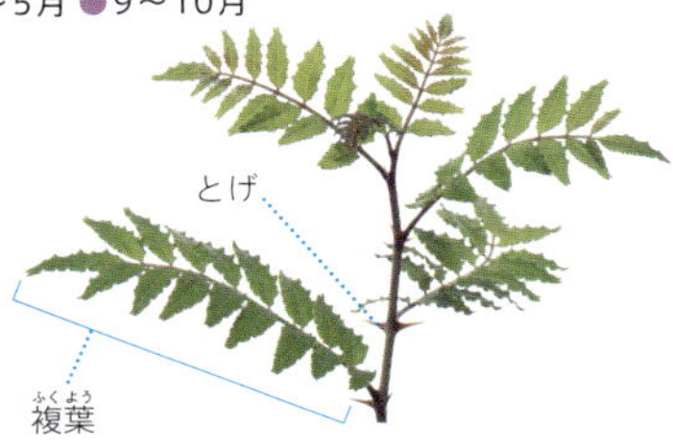

## カラスザンショウ

とげ

枝やわかい幹にはとげが多い。サンショウのなかまで大木になる。枝は太めで横に広がる。●ミカン科 ●5～15m ●本州～沖縄 ●明るい山野 ●7～8月 ●11～1月

とげ

## カナムグラ

道ばたなどに生えるつる植物。茎や葉柄にはぎゃく向きのとげが生えている。●アサ科 ●北海道～九州 ●あれ地 ●9～10月

果実のとげ

## メリケントキンソウ

地面をはう小さなキク科の一年草。果実にかたいとげがあり、芝生などですわったり、はだしで歩いたりするとけがをする。●キク科 ●5～10cm ●南アメリカ原産 ●公園、芝生など ●4～5月 ●5～6月

## タラノキ

幹はまっすぐのび、するどいとげが多数ある。新芽はタラノメとよばれ、山菜になる。●ウコギ科 ●3～7m ●北海道～九州 ●林縁 ●8月

植物の大きなとげは、動物に果実や葉を食べられにくくするために発達したと考えられる。

# 森林・山野にひそむ危険生物

ここでは、キャンプや山菜とり、ハイキングなど、森や山へ行った時に見られる危険生物をしょうかいする。

カエンタケ
（➡p.99）
ツキノワグマ
（➡p.86）
ウルシ（➡p.90）
クヌギカレハ
（➡p.88）
ウシアブ
（➡p.77）
ヌノメモグリヌカカ
（➡p.79）
イノシシ
（➡p.87）
アシマダラブユ
（➡p.78）
ツチガエル
（➡p.88）
ハシリドコロ
（➡p.97）
ドクウツギ
（➡p.94）

## 毒針でさす［スズメバチ］

### クロスズメバチ

体が小さく攻げき性も低いが、知らずに巣に近づくとさされることがある。●スズメバチ科 ●体長10～12mm ●北海道～屋久島 ●土の中の空間、木のうろなど ●4～11月

顔の黒い線は大あごまでのびない。

顔の黒い線が大あごまでのびる。

### シダクロスズメバチ

攻げき性は低く、近よっただけでさされることはほとんどない。知らずに巣に近づくとさされることがある。●スズメバチ科 ●体長10～14mm ●北海道～屋久島 ●土の中の空間、木のうろなど ●4～11月

### ムモンホソアシナガバチ

攻げき性はやや高く、巣の近くで作業しているときにさされることが多い。●スズメバチ科 ●体長14～17mm ●本州～屋久島 ●林の中の草木の枝や葉 ●4～10月

## 血を吸う・病気をうつす［アブ］

### アカウシアブ

昼間血を吸い、ヒトの上半身や家ちくの背中をおそう。最大で6mLもの血を吸う。●アブ科 ●体長19～28mm ●北海道～九州 ●山地。幼虫は湿地や渓流の日かげの泥の中 ●6～9月

### キンイロアブ

昼間、血を吸う。しつこくヒトの頭部をおそう。●アブ科 ●体長10～13mm ●北海道～九州 ●山地。幼虫は渓流の泥やコケの中 ●7～9月

### イヨシロオビアブ

主に早朝や夕方のうす暗い時間に血を吸う。ヒトや家ちくをしつこくおそう。●アブ科 ●体長9～12mm ●北海道～九州 ●山地。幼虫は林内のしめり気の多い土やくち木の中 ●7～9月

特に危険
危険

●科名 ●体の大きさ（ハチは働きバチ） ●分布 ●環境（ハチは巣をつくる場所） ●成虫の時期

### シロフアブ

昼間、血を吸う。幼虫も強大なあごでかみつく。●アブ科 ●体長14～19mm ●北海道～九州 ●平地と山地。幼虫は水田や池、渓流などの泥の中 ●6～9月

### ヤマトアブ

夕方、よく血を吸う。1984年夏に北海道の洞爺湖中島で大発生し、問題になったことがある。●アブ科 ●体長14～21mm ●北海道～九州 ●山地。幼虫は林内の腐葉土 ●6～9月

### アブにさされると

アブにさされた瞬間にはげしいいたみを感じ、血が出る。赤くはれあがり、次の日から強いかゆみが出ることが多い。主に家ちくの病気を運ぶ害虫だ。

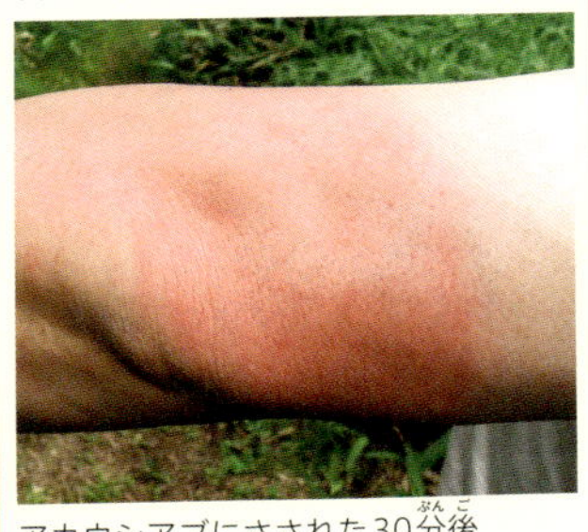

アカウシアブにさされた30分後

### アブは幼虫もかみつく

アブの幼虫の頭部には1対の大あごがあり、昆虫やミミズなどをとらえて食べる。シロフアブなどの幼虫は水田にいることも多く、田植えのころから初夏にかけてヒトの足をかむことがある。かまれるとハチにさされたようなはげしいいたみを感じる。

### ジャーシーアブ

昼間、血を吸う。長野県の軽井沢、岩手県の岩手山麓で大発生した記録がある。●アブ科 ●体長12～16mm ●本州の中部以北 ●山地や森林。幼虫は林内の湿気の少ない腐葉土 ●5～8月

### ウシアブ

昼間、血を吸う。●アブ科 ●体長18～24mm ●北海道～九州 ●山地。幼虫は林内の腐葉土 ●6～9月

アブは、ほ乳類や鳥類の皮ふをするどい口で切りさき、にじみ出た血をなめる。

# 血を吸う・病気をうつす［ブユ、ヌカカ］

アブ、ブユ、ヌカカは渓流ぞいや高原などで見られ、ハイキングやキャンプで被害が多い。

## 【ブユ・ヌカカのちがい】

※シルエットは、ほぼ実際の大きさ

ブユやヌカカは、カと同じハエのなかま。血を吸うものがいて、吸われた後にかゆくなったり、はれたりする。ウイルスや寄生虫などを運ぶ場合もある。

**ブユ**

体長3～5mmで、カとちがって口で皮ふを小さく切ってから、つきさして血を吸う。幼虫は流れのある水の中にすんでいる。

アシマダラブユ

**ヌカカ**

体長約1mm。あみ戸をくぐりぬけて家の中に入ってくることもある。かみの毛や服の中をさすこともある。夜、明かりに集まるものが多い。

ニワトリヌカカ

### アシマダラブユ

山地にふつうにいて、北海道、東北地方、琉球列島で被害が多い。●ブユ科 ●体長3.6～4.8mm ●北海道～琉球列島 ●山地、高地の渓流 ●5～8月

### キタオオブユ

北海道と東北地方では、最も被害が多い。●ブユ科 ●体長3.4～5.0mm ●北海道、北関東以北の本州 ●山地。幼虫は山地の川はば1～4mで早瀬の多い渓流 ●4～6月

### キアシツメトゲブユ

発生数は多いが、ヒトの血を吸うことが少ないため被害は多くない。暖地に多い。●ブユ科 ●体長2.6～3.8mm ●本州～九州 ●低地～高地。幼虫は低地のはば4～10mの小川 ●4～11月

特に危険

危険

●科名 ●体の大きさ ●分布 ●環境 ●成虫の時期

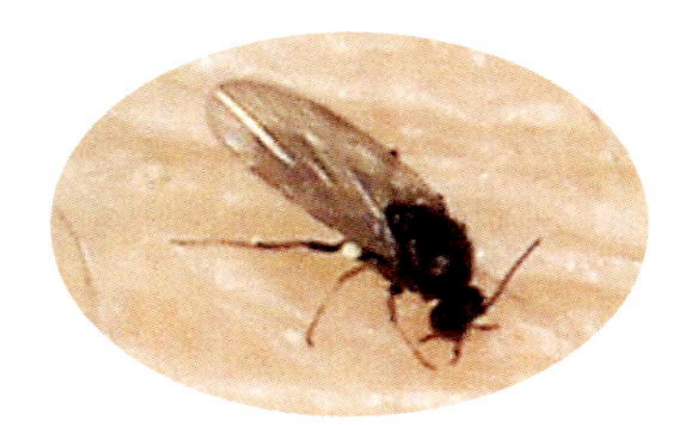

### ヌノメモグリヌカカ

北日本の山地では最も被害が多い。名前は「布目もぐり」を意味し、衣服の下にもぐって血を吸うこともある。●ヌカカ科 ●前ばねの長さ0.9mm ●北海道、本州 ●山地 ●5～7月

### ニワトリヌカカ

ニワトリの血をよく吸い、ヒトやブタなどをおそうこともある。●ヌカカ科 ●前ばねの長さ1.1～1.2mm ●北海道～琉球列島 ●平地。幼虫は水田や用水路など ●4～9月

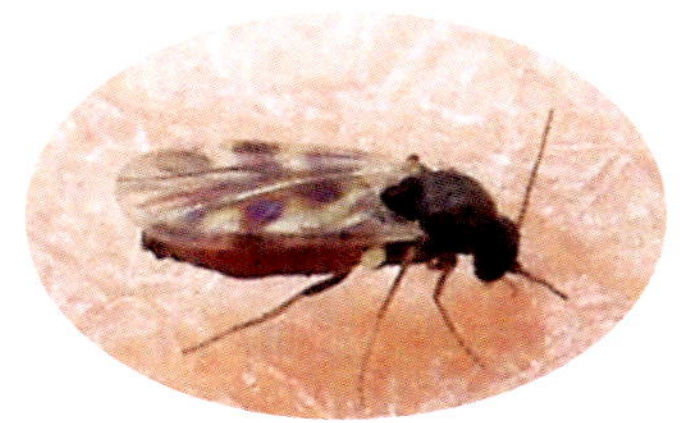

### シナノヌカカ

ウシ、ヒト、ニワトリなどの血を吸う。森林内ではげしく吸血し、夜は屋内にも入ってくる。●ヌカカ科 ●前ばねの長さ1.1～1.4mm ●北海道、本州 ●森林。本州では高地の森林 ●6～7月

## ブユ・ヌカカにさされると

ブユは皮ふをきずつけて血を吸うため軽い出血があるが、気づかないことが多く、しばらくしてからはげしいかゆみやはれが出る。かゆみが長く続き、かきこわしてしまうと半年以上もかゆみが続く慢性痒疹になることがある。海外には失明につながるオンコセルカ症の病原体を運ぶものがいる。

ヌカカにさされるとチクリとした軽いいたみがあり、次の日ぐらいから、かゆみやはれが出てくる。家ちくの病気を運ぶことがあるが、ヒトには感染しない。

ブユやヌカカにさされないためには、虫よけスプレーが効果的。

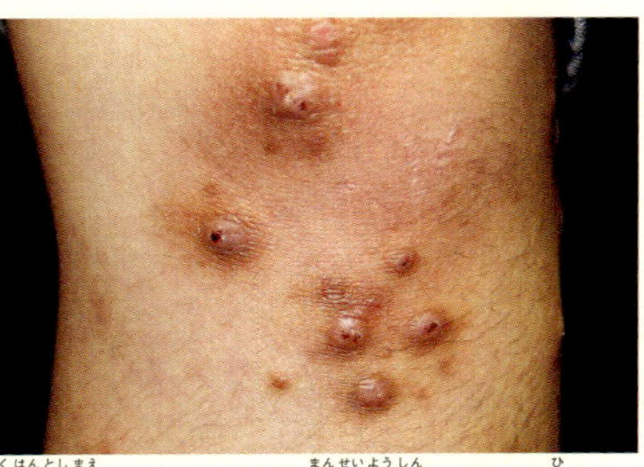

約半年前にブユにさされ慢性痒疹になった皮ふ

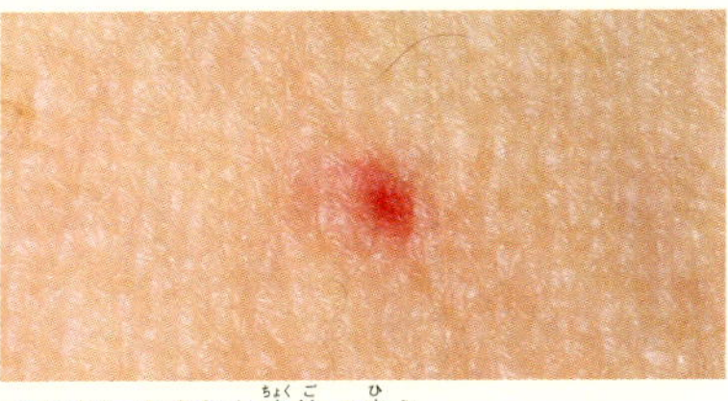

ヌカカにさされた直後の皮ふ

ブユは、東日本ではブヨ、西日本ではブトともよばれる。

# ヒトに食らいつくマダニ

ダニは世界に5万種もいる。ほとんどのダニは無害だが、マダニ類、ツツガムシ類、トゲダニ類などがヒトをさす。血を吸い、おそろしい病気のもととなる病原体を運ぶ。

吸血後のタカサゴキララマダニ（➡p.82）の成虫

## マダニの体のしくみ

ダニは昆虫ではなくクモのなかま。マダニ類はあし先に、ハラー氏器官という特殊なセンサーをもっている。

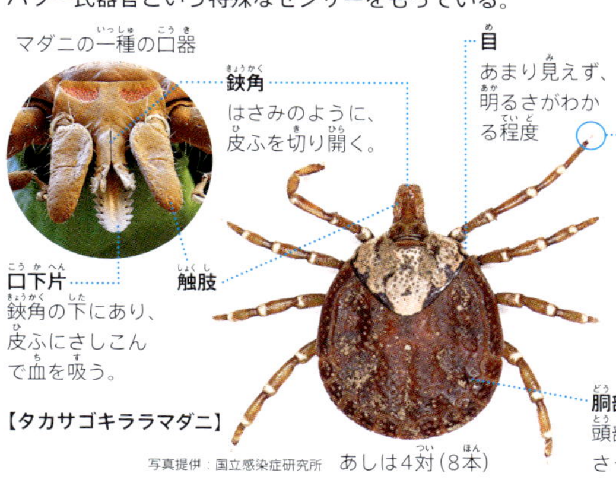

## マダニはどこにいる？

マダニは野生動物がいる環境で、植物の葉のうらなどで待ちぶせしていることが多い。ハラー氏器官などで動物やヒトの気配を感じとり、のりうつる。近年、農村部の人口がへり、シカやイノシシが増えた。こうした動物に寄生するマダニが増えており、野外でのヒトへの被害も増えていると考えられている。

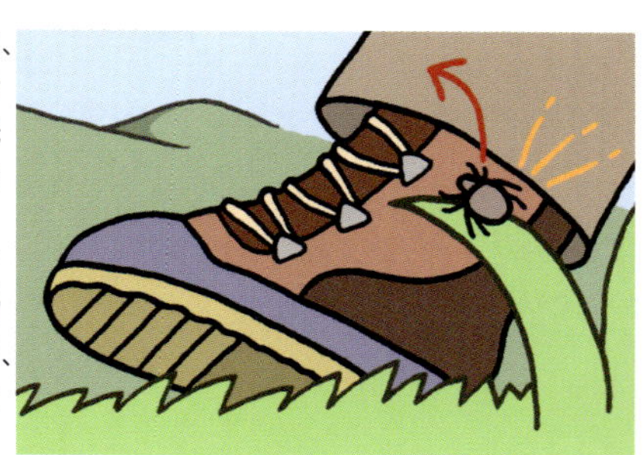

特に危険
危険

セメントのように固まるだ液を出して、さした口をしっかり固定するマダニもいる。

## マダニにさされると

さされてもすぐには気づかず、数日後に気づくことが多い。マダニにさされた後で熱が出たり、だるさを感じたりした場合は、マダニが運ぶ病気にかかったおそれがある。早めに病院に行き、マダニにさされたことを伝えること。

### とりのぞく方法

むりに引きぬこうとすると、口だけがちぎれて皮ふの中に残ることもある。ピンセットで皮ふに近い部分をつかんでぬく。ぬけないときは、病院でとってもらおう。

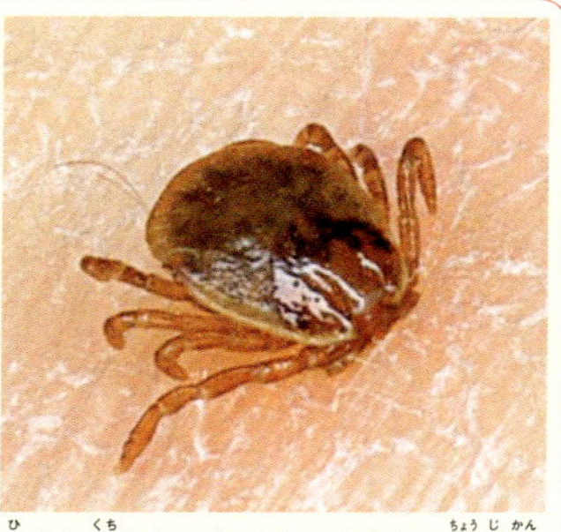

皮ふに口をしっかりとつきさして長時間、血を吸うタカサゴキララマダニ

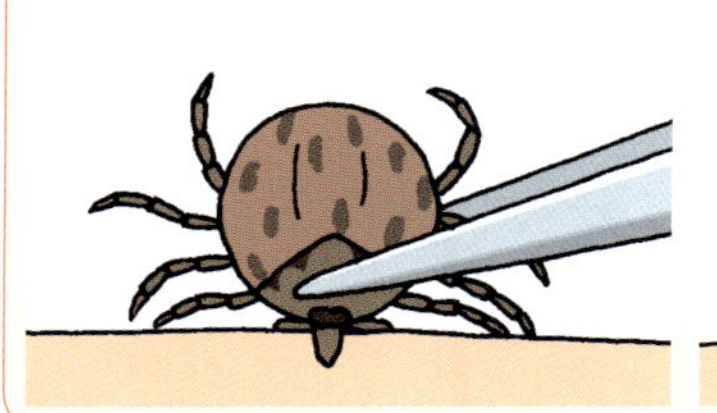

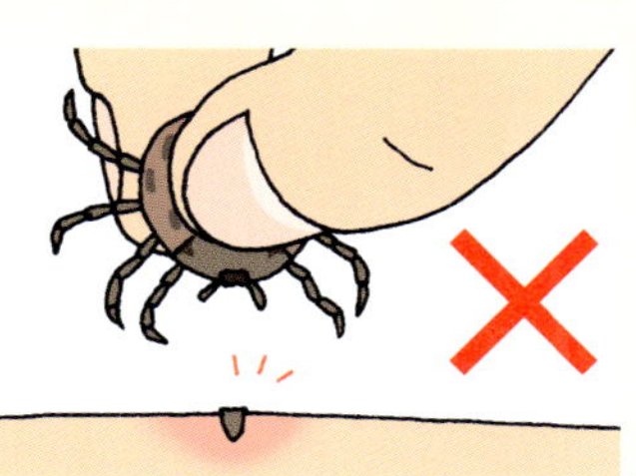

## マダニが運ぶ病気

マダニはだ液で皮ふを溶かしながら鋏角で切り開き、口下片をさしこんで血を吸う。そのだ液に病気のもととなる病原体がふくまれることもあるため、さされると感染する可能性がある。

**【主な感染症】**

- 日本紅斑熱（→p.37）
- 重症熱性血小板減少症候群（SFTS→p.82）
- ダニ媒介性脳炎（→p.82）
- ライム病（→p.83）

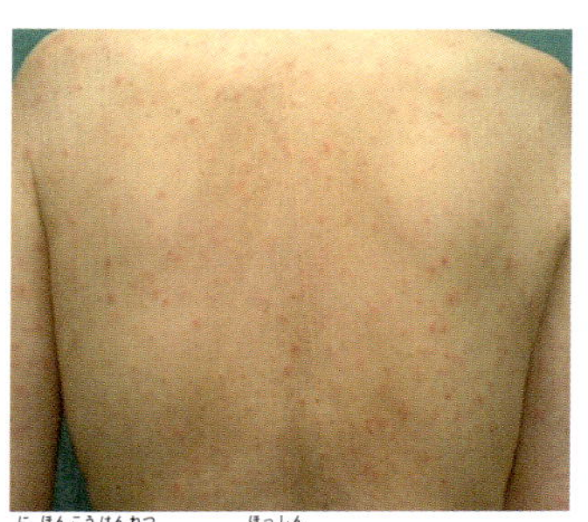

日本紅斑熱による発疹

## さされないために

山地や草地などで活動するときには、はだを出さないような服装をする。ひざから下に虫よけスプレーをするのも効果的。野外活動後は、マダニがついていないか確認しよう。

シャツのすそはズボンの中に入れる。

虫よけスプレーをする。

ズボンのすそにくつ下をかぶせるか、長ぐつの中にすそを入れる。

マダニは生命力が強く、お湯につけられてもなかなか死なない。

## 血を吸う・病気をうつす［ダニ］

### タカサゴキララマダニ

西日本で最も多くヒトに寄生する種で、特に下半身のしめったやわらかい部分によく寄生する。SFTSウイルスや紅斑熱群リケッチア（➡p.37）の一種を運ぶ。●マダニ科 ●体長約7mm（成虫）●本州～琉球列島 ●山林 ●4～10月

### ヤマトマダニ

日本で最もヒトに寄生することの多い種で、特に顔や頭によく寄生する。北海道ではダニ媒介性脳炎ウイルスを運ぶ。高温に弱い。
●マダニ科 ●体長約3mm（成虫）●北海道～屋久島 ●平地～山地 ●3～10月

口下片

写真提供：国立感染症研究所

## SFTSとダニ媒介性脳炎

### 重症熱性血小板減少症候群（SFTS）

2011年に初めて特定されたウイルス（SFTSウイルス）による病気。マダニにさされてから1～2週間後に発熱、体のだるさ、はき気やげり、腹痛などがあり、重症の場合は死ぬこともある。ただし、すべてのマダニがウイルスをもっているわけではない。日本では2013年に初めて見つかり、2018年3月までに60人がなくなった。SFTSに感染したノネコ（➡p.40）にかまれて、ヒトが感染した例もある。

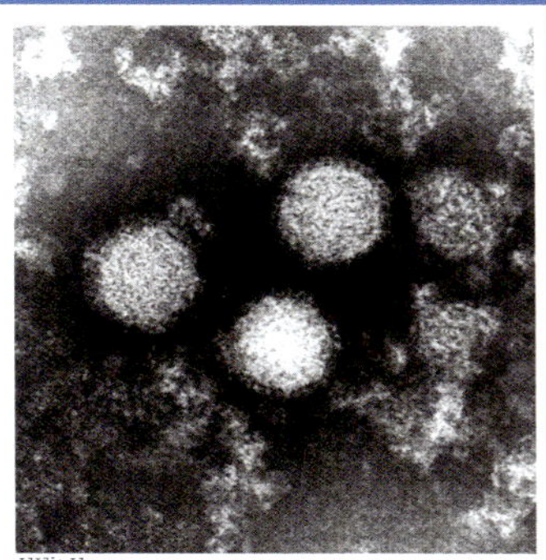
SFTSウイルス

写真提供：国立感染症研究所

### ダニ媒介性脳炎

フラビウイルスによる感染症。マダニにさされてから1～2週間後に発熱や筋肉痛が起こる。やがてけいれんや、めまいがあり、物事を正しく理解することができなくなる。

刺毒
咬毒
吸血・病気媒介
刺咬傷・けが
防御毒
食中毒

特に危険
危険



●科名 ●体の大きさ ●分布 ●環境 ●成虫の時期

### シュルツェマダニ

北海道や長野県などではライム病ボレリアを運ぶ。寒い地域に多い種で、本州中部より南では標高約1000m以上の山地にいる。●マダニ科 ●体長約3.5mm（成虫）●北海道～九州 ●山林 ●4～8月

#### ライム病

ライム病ボレリアという細菌による感染症。本州中部より北のシュルツェマダニがすむ地域で感染することが多い。さされてから1～2週間後に、さされた場所を中心に輪のような赤い斑点ができる。筋肉や関節のいたみ、頭痛、発熱などがあり、重症になると脳や心臓にもえいきょうが出る。

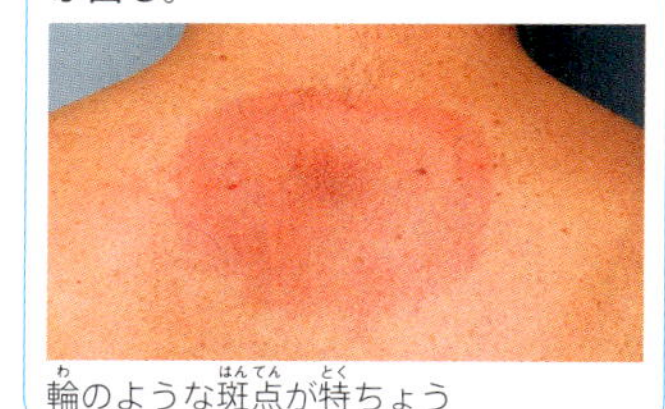

輪のような斑点が特ちょう

### フタトゲチマダニ

西日本でヒトに寄生することが多い種。日本紅斑熱リケッチア、SFTSウイルスを運ぶ。放牧牛の害虫としても有名。高温に強く低温に弱い。●マダニ科 ●体長約4mm（成虫）●北海道～琉球列島 ●平地～山地、日当たりのよい草原 ●5～9月

## 血を吸う［ヒル］

### ヤマビル

二酸化炭素と熱を感じとり、ニホンジカなどの大型ほ乳類の血を吸う。●ヤマビル科 ●体長2～3cm ●岩手県、秋田県以南 ●森林

#### ヒルに吸われると

いたみやかゆみがほとんどなく、いつの間にか血を吸われている。火を近づけるか防虫スプレーをかけるとはなれる。ヒルのだ液には「ヒルジン」という、血が固まらないようにする成分がふくまれている。ヒルをとりのぞいても血が止まらないため、よく水あらいしたら、ぬのなどをおし当てて止血する。

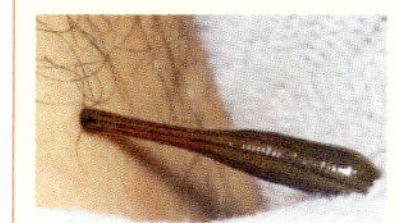

ヒトの血を吸うヤマビル

マダニは散歩中のイヌやネコにも寄生するので、動物病院などで定期的に駆除をしよう。

# 日本最大の危険生物クマ

日本に生息する野生のほ乳類で最も注意が必要なのはクマだ。2000年以降、年平均で約80人の被害者が出ている。

するどいきばをもつヒグマ(➔p.86)

## ■ヒグマの体のしくみ

クマは体が大きく、するどいきばとつめをもつ。日本には北海道にヒグマ、本州以南にツキノワグマ(➔p.86)が生息している。ヒグマのほうがひと回り大きく、より危険性が高い。

警戒しているとき、いかくするときなどに後ろ足で立ち上がることがある。

ヒトより速く走ることができる。

クマのえさのドングリなどが不作の年は、農地や住宅地での事故件数が多い傾向がある。

## 危険な時期

ヒグマがヒトをおそう事故の約8割は、4～6月と9～10月に発生している。クマは冬にはあなの中で冬眠し、その間は何も食べない。そのかわり冬眠明けの春、冬眠前の秋にはたくさんの食べ物を求めて活動する。その時期はヒトも山菜とりやキノコ狩りで山に入ることが多いため、クマに出あう危険性が高くなる。

## 野山でクマにおそわれないために

何よりも出あわないようにすることが大切。クマの生息が確認されている地域では、次のことに注意しよう。もし近いきょりで出あってしまったら、これをすればだいじょうぶという確実な対処法はないが、ぜったいに背を向けて走ってにげてはいけない。また「死んだふり」も効果がない。

### ひとりで野山に入らない

必ず集団で行動し、なるべく近づいて歩く。

### 音を出しながら歩く

クマも本来は人間には出あいたくないもの。大きなすず、声や、はく手などでなるべくクマに気づいてもらうことも対処法の1つ。

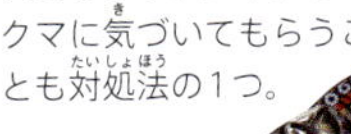

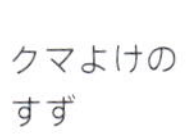

クマよけのすず

### うす暗いときは要注意

夕方や早朝はクマが活発に行動する。また雨や霧、強風など、見えにくい、聞こえにくい状況だと、ばったり出あってしまうおそれもある。

### クマのサインを見落とさない

ふんや足あとはもちろん、シカの死がいにも注意。見つけたら引き返そう。

ヒグマのふん

ヒグマのつめあと

### 食べ物やごみは持ち帰る

クマを引きよせ、人間をおそう原因になる。またキャンプのさいは調理や食事はテントからできるだけはなれた場所で行い、テントの中に食料を保管するのはやめよう。

### イヌを連れて歩かない

訓練されたイヌ以外は、クマをむだに興奮させてしまう。

クマの出没じょうほうを、電話やインターネットで知ることができる自治体もある。

# きば・つめがするどい［クマなど］

サケを食べるヒグマ。サケは冬眠前の重要な食料

## ヒグマ

するどいきばとつめをもつ。雑食性で、おそわれるとけがをしたり死ぬこともある。北海道では街のすぐそばにもあらわれる。●クマ科 ●体長1.3～2m ●北海道 ●温帯から寒帯の森林

### 事件ファイル　日本史上最悪の獣害「三毛別ヒグマ事件」

1915年12月、北海道苫前村（現・苫前町）でヒグマが民家をおそい、7人が食い殺されるという事件が発生した。最初におそわれた家ではひとりが殺され、ひとりは連れ去られた後に山の中で遺体となって見つかった。その通夜にもヒグマは乱入してきて、人びとは近くの家に避難しようとした。しかしそこもすでにヒグマにおそわれた後で、5人が死亡していた。4日後にようやくヒグマは射殺された。おそったヒグマは体長2.7m、体重340kgの巨大ヒグマで、食べ物の少ない冬に冬眠に失敗したため、ヒトをおそったといわれている。

木登りが得意なツキノワグマ

## ツキノワグマ（アジアクロクマ）

ヒグマほどではないが、おそわれるとけがをしたり、死ぬこともある。雑食性で、里山では人家近くにあらわれる。空腹のクマや子連れのメスは危険。●クマ科 ●体長1.1～1.5m ●本州、四国 ●山地から海岸近くの森林まで

### 事件ファイル　タケノコとりで4人がおそわれる

2016年6月、秋田県鹿角市の山林で、タケノコとりをしていた男女4人が次々にツキノワグマにおそわれ、死亡した。射殺されたツキノワグマは体長約1.3mのメスで、胃の中からは大量のタケノコとともに、ヒトを食べたあとも見つかった。

特に危険
危険



●科名 ●体の大きさ ●分布 ●環境

## ニホンザル

サルはひっかくというイメージが強いが、実際はするどいきばでかみつく。えづけによって数が増え、作物をあらしたり、人家にしのびこんだりする事故が増えている。●オナガザル科 ●体長47～61cm、尾長7～12cm ●下北半島～屋久島 ●森林

オスは長いきば（犬歯）をもつ。

## イノシシ

するどいきばをもち、おそわれると大けがをする。人家の近くにあらわれて、作物をあらす。雑食性で、なんでもよく食べる。●イノシシ科 ●体長90～180cm、肩高55～110cm ●本州以南 ●開けた森林と草地

オスにはするどいきばがある。

事件ファイル

### イノシシにおそわれて死亡

2016年11月、群馬県桐生市で60代の男女がイノシシにおそわれた。男性は両足と左手をイノシシにかまれ、出血性のショックのため死亡した。イノシシは体長約150cm、食料を求めて民家に近づき、わなにかかっていたところをぬけ出しておそいかかったとみられる。

0 1 2 3 4 5 6 7 8 9 10m

ツキノワグマの名前の由来である、胸の三日月形の白い斑紋は、ない個体もいる。

## 皮ふから毒を出す［カエル］

### ツチガエル

背中の細長いいぼから、いやなにおいのする毒液を出す。毒液が目に入ったり、きず口にふれたりするといたむ。●アカガエル科 ●体長3.7～5.3cm ●本州、四国、九州 ●低地～山地

## 毒毛をもつ［カレハガ］

### クヌギカレハ

幼虫の胸部（背中前方）とまゆに毒針毛がある。ふれるとはげしいいたみを感じ、後にかゆみといたみのある皮ふ炎になる。●カレハガ科 ●前ばねの長さオス30～37mm、メス43～55mm ●北海道～屋久島 ●山地～平地の林 ●8～10月 ●クヌギ、コナラなど

### ツガカレハ

幼虫の胸部（背中前方）とまゆに毒針毛がある。ささると、かゆみやいたみが数日間続くこともある。●カレハガ科 ●前ばねの長さオス30～35mm、メス40～45mm ●北海道～九州 ●山地～平地の林 ●6～7月、8～10月 ●ツガ、トウヒ、マツ類

## かぶれる［植物］

### ザゼンソウ

しるが皮ふにつくと水ぶくれになることがある。わかい葉はキャベツのようで食べられそうだが、口に入れると炎症を起こす。●サトイモ科 ●草たけ10～20cm ●北海道、本州 ●湿原 ●3～5月

刺毒 咬毒 吸血・病気媒介 刺咬傷・けが 防御毒 食中毒

特に危険　危険



●科名 ●大きさ ●分布 ●環境 ●成虫の時期 ●幼虫の食草 ●花の時期

こいむらさき色の毛深い花を下向きにつける。

## センニンソウ

しるにプロトアネモニンという有毒成分をふくむ。しるが皮ふにつくと水ぶくれができて、かぶれる。
●キンポウゲ科 ●日本各地 ●日当たりのよい林 ●8～9月

果実には白く長い毛があり、仙人にたとえられる。

## オキナグサ

センニンソウと同じ有毒成分をふくむ。山野草として人気があり、庭にも植えられる。
●キンポウゲ科 ●草たけ約20cm ●本州～九州 ●日当たりのよい所 ●4～5月

果実の白い毛が、老人（翁）の白髪にたとえられる。

### センニンソウは民間薬

扁桃腺炎にかかったときに、センニンソウの葉をもんで、手首の内側にはるという民間療法がある。効果があったという人もいるが、医学的には証明されていない。また、センニンソウのしるが皮ふにつくと水ぶくれができ、かぶれて、長い間あとが残る。

センニンソウの葉

## ノウルシ

葉や茎をちぎると白いしる（乳液）を出す。しるが皮ふにつくと、かぶれる。近いなかまのトウダイグサ（➔p.64）なども同様に白い乳液を出し、皮ふがかぶれる。●トウダイグサ科 ●草たけ約30cm ●北海道～九州 ●湿地 ●4～5月

とげ

## イラクサ

全体に細長いとげがある。とげが皮ふにささるとヒスタミンなどのしげき物質が入り、しばらくの間、強いいたみとかゆみが続く。●イラクサ科 ●草たけ40～80cm ●本州～九州 ●木かげ ●9～10月

植物のしるが皮ふについて、かゆみを感じたら、かかずによく水であらい流そう。

## ウルシ

全体にウルシオールという皮ふ炎を起こす成分をふくむ。ウルシのなかまでは最もかぶれの毒性が強い。皮ふの弱い人はウルシのそばを通っただけでかぶれることがある。葉や果実には毛がほとんどない。

● ウルシ科 ● 10～15m ● 中国原産 ● 山野 ● 5～6月 ● 8～9月

## ヤマウルシ

全体にウルシオールをふくむが、皮ふのかぶれはウルシほど強くない。山野に自生する落葉樹。ウルシによく似ているが、葉や果実に毛が多い。 ● ウルシ科 ● 3～8m ● 北海道～九州 ● 山野 ● 5～6月 ● 9～10月

葉の赤いじくから左右に小葉が出る。

## ツタウルシ

全体にウルシオールがふくまれ、しるが皮ふにつくとかぶれることがある。ツタウルシは特にかぶれ成分が多く、注意が必要。

● ウルシ科 ● 北海道～九州 ● 林の中 ● 6～7月 ● 8～9月

ツタによく似るが、葉は1か所から3枚の小葉が出ている。

### 【似ているかぶれない植物】

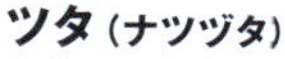

## ツタ（ナツヅタ）

低地から山地に分布するつる植物。まきひげの先が吸ばんになっていて、木や家のかべにくっつく。 ● ブドウ科

葉に切れこみがある。

刺毒
咬毒
吸血・病気媒介
刺咬傷・けが
防御毒
食中毒

特に危険
危険



● 科名 ● 草たけや樹高 ● 分布 ● 生育環境 ● 花の時期 ● 果実の時期

## ハゼノキ（ロウノキ）

全体にウルシオールをふくむが、かぶれの毒性はそれほど強くない。葉はあつみがあり、表面に光沢がある。葉や果実には毛がない。●ウルシ科 ●6〜10m ●本州〜沖縄 ●低山 ●5〜6月 ●9〜10月

## ヌルデ（フシノキ）

葉のじくに翼がある。

全体にウルシオールをふくむが、かぶれの毒性はそれほど強くない。●ウルシ科 ●5〜10m ●日本各地 ●日当たりのよい所 ●8〜9月 ●10〜11月

## ハナウド

葉や茎のしるが皮ふについたまま日光に当たると、紫外線を多く吸収して皮ふ炎を起こすことがある。白い花がかさのように集まり、よく目立つ。●セリ科 ●1.5m ●本州〜九州 ●ややしめった原野や山地の木かげ ●5〜6月

# 食中毒を起こす［植物］

## ワラビ

生の葉は発がん物質をふくむので、山菜として食べるには十分なあくぬきが必要。日当たりのよい場所に群がって生える。●コバノイシカグマ科 ●1〜1.5m ●日本各地 ●日当たりのよい山野

### ワラビは人気の山菜

ワラビは春の山菜として有名。十分にあくぬきすれば、おひたしなどにして、おいしく食べることができる。

ワラビのおひたし

ウルシの樹液は塗料（漆）に利用される。漆器の漆はかわいているのでかぶれにくい。

## ウラシマソウ

全体に、はり状の結晶としげき性の物質をふくみ、食べると口がひりひりする。しるが皮ふにつくとしげきがある。葉はあつくてつやがあり、マムシグサと似た果実をつける。●サトイモ科 ●40～50cm ●北海道～九州 ●野原、林の周り ●4～5月 ●10～12月

花は葉よりも低くさき、ひものような細長い付属体がのびる。

花は葉の上でさく。

果実

## マムシグサ

ウラシマソウと同様、全体に口の中をひりひりさせる物質をふくむ。果実も有毒。葉はうすく、あまりつやがない。花や茎に、よごれたようなむらさき色のもようがある。●サトイモ科 ●50cm ●北海道～九州 ●野原、林の周り ●4～6月 ●10～12月

## クワズイモ

ウラシマソウと同様、全体に口の中をひりひりさせる物質をふくむ。サトイモやハスイモに似た、丸みのある大きな葉をつける。

●サトイモ科 ●1m ●四国南部～沖縄 ●林の中 ●5～8月

サトイモとちがい、細長い根茎

つるは右まき

葉は丸いハート形で、たがいちがいにつく。

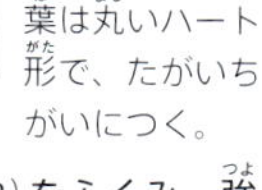

## オニドコロ

根茎はサポニン（➔p.62）をふくみ、強い苦みがあるので食べられないが、薬になる。ヤマノイモ（➔p.59）と似ているが、葉や地下部にちがいがある。●ヤマノイモ科 ●日本各地 ●林の周り ●7～8月

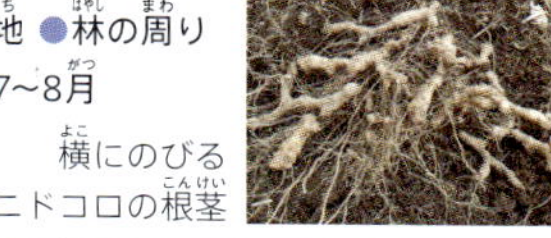

横にのびるオニドコロの根茎

早春に白い花が1～3輪つく。

## ニリンソウ

山菜だが、生の葉はしげき性の物質をふくむので、必ずゆでてから食べること。若葉が、有毒なトリカブト類（➔p.97）によく似ている。●キンポウゲ科 ●15～30cm ●日本各地 ●しめった林の下 ●3～5月



特に危険
危険

●科名 ●草たけや樹高 ●分布 ●生育環境 ●花の時期 ●果実の時期

花は緑白色

若葉　葉脈は平行

葉柄はなく、葉は茎を囲むようにつく。

## バイケイソウ

全体に苦みのある有毒成分をふくみ、食べると口のしびれやはき気などを起こす。若葉がオオバギボウシと似ていて、同じ場所に生えていることがあり、まちがえて食べる例が多い。●シュロソウ科 ●1m以上●北海道～九州 ●山地 ●7～8月

**【まちがわれやすい食用の植物】**

### オオバギボウシ（トウギボウシ）

山地や草原に生える。若葉をウルイといい、苦みがなく山菜として食べられる。わかい芽は有毒のハシリドコロ（➔p.97）に似ている。●キジカクシ科

葉脈は主脈から分かれる。

葉脈が葉のうらにくっきり出る。

若葉は根もとから出て、長い葉柄がある。

花は白色

高山の湿原などに群がって生える。

## コバイケイソウ

バイケイソウと同じ有毒成分をふくむ。若葉が食用のオオバギボウシと似る。●シュロソウ科 ●50～100cm ●北海道、本州 ●深山、高山 ●6～8月

若葉

## スズラン（キミカゲソウ）

心臓に働く有毒成分を全体にふくみ、はき気や頭痛、呼吸こんなんなどを起こす。わかい葉が食用のギョウジャニンニク（➔p.59）に似ている。●キジカクシ科 ●20～35cm ●北海道、本州、九州 ●野原、林の中 ●4～6月

スズランは切り花をさした水にも毒がとけ出すので注意が必要。

葉や茎をちぎると、むせるようないやなにおいがする。

## ムラサキケマン

全体にプロトピンなどの毒をふくみ、食べると酒によったような症状（眠気やはき気）が出る。葉は細かく切れこみ、食用のシャク（➔p.96）に似ている。
●ケシ科 ●20～50cm ●日本各地 ●林の周り ●4～6月

## ミヤマキケマン

全体にプロトピンなどの毒をふくむ。ムラサキケマンによく似ているが、花は黄色で、葉はさらに細かく切れこむ。
●ケシ科 ●20～45cm ●本州 ●山地 ●4～6月

## キケマン

全体にプロトピンなどの毒をふくむ。ミヤマキケマンに似ているが、より大きく、葉柄や茎が太い。●ケシ科 ●40～60cm ●本州～沖縄 ●海岸、海岸近くの山 ●4～5月

果実はじゅくすと、黒っぽいむらさき色になる。

## ドクウツギ

果実はあまいが、神経に作用する猛毒成分（コリアミルチン、ツチンなど）をふくみ、はき気、けいれん、呼吸まひを起こす。
●ドクウツギ科 ●約1.5m ●北海道、本州 ●山野の河原など ●4～5月 ●8～9月

中の種子はクリに似ているが、ほぼ球形で先がとがらない。

## トチノキ

生の種子はサポニン（➔p.62）が多くて食べられない。食用にするにはあくぬきが必要。街路樹としても植えられる。●ムクロジ科 ●20～30m ●北海道～九州 ●深い山の谷あい ●5～6月 ●10月



特に危険
危険

●科名 ●草たけや樹高 ●分布 ●生育環境 ●花の時期 ●果実の時期

球状に集まった果実が、冬に赤くじゅくして目立つ。

## ミヤマシキミ

葉や果実に有毒物質をふくむ。食べると、はき気やけいれんを起こす。葉をちぎるとミカンに似たにおいがする。●ミカン科 ●60～120cm ●本州～九州 ●山地の林 ●4～5月 ●12～2月

## エゴノキ（チシャノキ）

果実の皮にサポニンが多くふくまれ、食べると口の中や胃がただれる。雑木林によく見られ、庭木にもされる。●エゴノキ科 ●7～8m ●日本各地 ●林の中 ●5～6月 ●8～9月

果実の皮がはがれると茶色い種子が出てくる。

## ツリフネソウ

葉や茎はやわらかくておいしそうだが、食べるとたいへん苦く、はき気を起こす。船のような形をした赤むらさき色の花をぶら下げる。●ツリフネソウ科 ●50～80cm ●北海道～九州 ●山地のしめった場所 ●8～10月

## レンゲツツジ

全体に有毒な物質をふくみ、食べると、はげしいはき気とげりを起こす。花はすきとおるようなオレンジ色で、葉が開き始めるころにさく。●ツツジ科 ●1～2m ●本州～九州 ●高原 ●5～6月 ●10～11月

## サワギキョウ

全体にロベリンという有毒な物質をふくみ、食べるとげりや呼吸まひを起こす。山の湿原によく群がって生える。●キキョウ科 ●50～100cm ●北海道～九州 ●水辺 ●8～9月

花はくちびるのように、上下に分かれた形で、こい青むらさき色でよく目立つ。

ドクウツギのじゅくした果実はブドウに似ておいしそうに見えるが、猛毒なので食べないこと。

2つの果実がくっついて、ひょうたんのような形になる。

## キンギンボク（ヒョウタンボク）

赤くじゅくした果実はおいしそうだが、食べるとはき気やげりを起こす。毒の成分は不明。

●スイカズラ科 ●1～1.5m ●北海道、本州、四国 ●山野、庭 ●4～6月 ●7～9月

## ドクゼリ

全体に有毒な成分をふくみ、特に地下茎に多い。食べるとけいれんや呼吸こんなんを起こす。葉がセリ（➜p.69）によく似ているが、セリより大形。●セリ科

●約1m ●北海道～九州 ●水辺 ●6～7月

地下茎は太く、緑色で節が目立つ。外見はワサビの根茎と似ている。

**【まちがわれやすい食用の植物】**

## シャク

葉のつけ根に、白色のさやがある。

ドクニンジンとちがい、山地のややしめった所に生える。葉は細かく切れこんでやわらかく、ちぎるとセリに似たかおりがする。有毒のムラサキケマン（➜p.94）にも似ている。●セリ科

## ドクニンジン

全体に強い毒をふくみ、食べるとはき気を起こす。重症の場合は呼吸こんなんで死亡する。食用になるシャクとよくまちがえられるが、特に花と果実にいやなにおいがあること、茎にむらさき色の斑点があることで区別できる。

●セリ科 ●80～180cm ●ヨーロッパ原産 ●乾燥した場所 ●7～9月



特に危険
危険



●科名 ●草たけや樹高 ●分布 ●生育環境 ●花の時期 ●果実の時期

# 毒にも薬にもなる［植物］

ヤマトリカブトのわかい葉

## ヤマトリカブト（トリカブト）

全体が有毒で、特に根に多くの毒がふくまれる。加工するといたみ止めの薬になるが、まちがえて食べると死亡することもある。●キンポウゲ科 ●60〜150cm ●本州 ●林の周り ●8〜10月

## フクジュソウ

根は心臓が弱ったときの民間薬として使われたが、健康な人ではかえって心臓に負担がかかり死亡することがある。●キンポウゲ科 ●15〜30cm ●北海道〜九州 ●林の中 ●2〜4月

**【まちがわれやすい食用の植物】**

## ヨモギ

わかい葉は有毒のヤマトリカブトに似ているが、ヨモギは葉のうらに白い毛がびっしり生え、葉をちぎるとヨモギ特有のよいかおりがする。●キク科

### トリカブト中毒

トリカブトをまちがえて食べると10〜20分ほどで口や手足がしびれ、腹痛や不整脈などが起き、重症の場合は呼吸がまひして10時間以内に死んでしまう。トリカブトと同じ場所にニリンソウ（➜p.92）やヨモギが生えることもめずらしくないため、食中毒が毎年のように起きている。ニリンソウとトリカブトの葉もよく似ているので、花の時期や根の形で見分けることが大切だ。

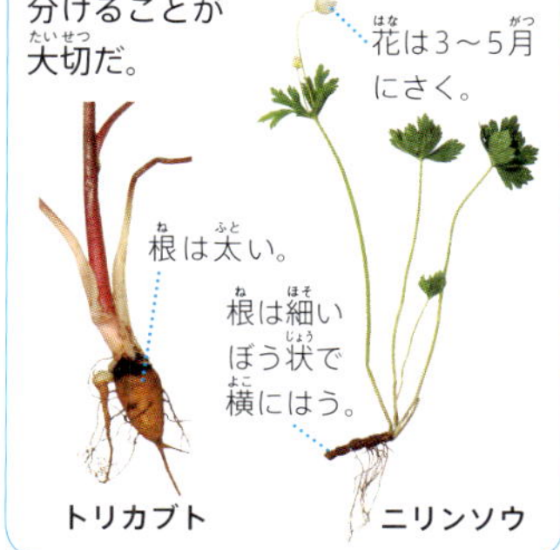

## ハシリドコロ

全体、特に根茎に猛毒をふくむ。古くからいたみ止めの薬として利用されるが、量が多いとけいれんや呼吸まひを起こして死亡する。わかい芽を山菜のふきのとう（➜p.69）とまちがえて、食中毒を起こすことがある。●ナス科 ●30〜60cm ●本州〜九州 ●しめった林の中 ●4〜5月

2012年、北海道でトリカブトをニリンソウとまちがって食べた人がふたり死亡した。

初夏にうすい黄色のチョウ形の花をつける。

## アオツヅラフジ（カミエビ）

つるはいたみ止めや利尿薬になるが、呼吸や心臓をまひさせる成分をふくむ。果実はブドウのふさのようにつき、秋に、あい色にじゅくす。おいしそうだが有毒。●ツヅラフジ科 ●北海道～琉球列島 ●山野 ●7～8月

## クララ

根は苦みが強く、下熱や皮ふ病の薬になるが、けいれんを起こすこともある。根を口にすると苦さのあまり目がくらくらすることが、名の由来。●マメ科 ●草たけ80～150cm ●本州～九州 ●山野の草地、河原 ●6～7月

## テイカカズラ

茎や葉を、関節痛やのどのいたみをおさえる薬にする。ただし心臓に負担をかけるので、注意が必要。●キョウチクトウ科 ●本州～九州 ●林の中 ●5～6月

初夏にかおりが高い白い花をつける。

# 食中毒を起こす［キノコ］

## スギヒラタケ 💀

食用だったが、2004年に死亡事故が起きて、猛毒であることがわかった。食べても、何ともない人もいるが、数日後に全身のまひやけいれん、意識障害などを起こし、死亡することもある。●ホウライタケ科 ●かさの直径2～6cm ●スギの古い切りかぶなど ●秋

かさはおうぎ形やへら形で白色



💀特に危険
💀危険



●科名 ●大きさ ●分布 ●環境 ●花の時期 ●見られる時期

## ツキヨタケ

日本で最も中毒件数が多いキノコ。食べると、はき気、げり、腹痛などの症状が出る。ひどい場合はけいれんなどを引き起こす。

●ツキヨタケ科 ●かさの直径10～25cm ●主にブナの枯れ木 ●夏～秋

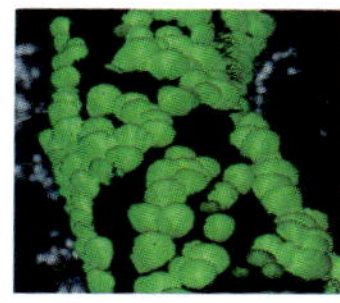

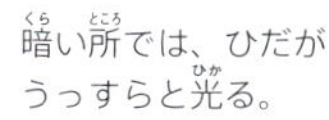

暗い所では、ひだがうっすらと光る。

## ドクツルタケ

日本で最も多く死亡事故が起きているキノコ。食後数時間ではき気、げりなどの症状が出る。約1週間後に肝臓などの内臓が破壊され死亡する。●テングタケ科 ●かさの直径6～15cm ●マツ科やブナ科の林 ●夏～秋

## シャグマアミガサタケ

毒ぬきが不十分なまま食べると数時間後にはき気、腹痛、げりなどを起こす。ひどい場合は肝臓に障害、高熱を引き起こし、最悪の場合死亡する。ゆでると毒成分はぬけるが、湯気にも毒がふくまれる。●フクロシトネタケ科 ●高さ5～10cm ●針葉樹林など ●春～初夏

## カエンタケ

食べると、はき気、腹痛、げりの後、全身の臓器に症状があらわれ死亡する。しるにふくまれる毒成分は皮ふへのしげき性があるので、さわってもいけない。●ボタンタケ科 ●高さ3～8cm ●深山、またはナラ類が枯れたあとなど ●夏～秋

事件ファイル

### カエンタケ中毒で死亡

1999年に新潟県の旅館で、カエンタケによる中毒が起きた。だれかが拾ってテーブルの上に置いたカエンタケを、薬用のキノコとかんちがいした客5人がお酒の中に入れて飲んでしまった。約30分後にげりや頭痛、手足のしびれなどの症状が出て、3人が入院し、そのうちのひとりは2日後に心臓や腎臓の働きが悪くなって死亡した。回復してもひどい障害が残ることがあり、小脳がちぢんで歩行や言語障害が出る、口の中がただれる、皮ふがむける、かみの毛がぬけるなどさまざまな症状が報告されている。

毒キノコを見分けるのはむずかしい。安易に野生のキノコを食べるのはぜったいにやめよう。

# 海の危険生物

多くの人が海水浴やダイビングなどを楽しむために海へやってくるが、海の中だけではなく、磯や海岸近くにも危ない生き物はひそんでいる。

海水浴(かいすいよく)をしていたら、
毒(どく)クラゲや
毒(どく)エイが……

マリンスポーツを
楽(たの)しんでいたら、サメが……

# 海辺にひそむ危険生物

ここでは、磯の岩場や海水浴場、海岸近くで出あう可能性がある危険な生き物をしょうかいする。

イソヌカカ
(➔p.114)
カツオノエボシ
(➔p.106)
ウミケムシ
(➔p.116)
アカエイ
(➔p.112)
イラモ(➔p.109)
ゾエア(➔p.117)
アンドンクラゲ
(➔p.106)
シロガヤ
(➔p.109)
スナイソギンチャク
(➔p.108)
ウデナガウンバチ
(➔p.108)
アカクラゲ
(➔p.107)

# 毒針を発射するクラゲ

クラゲやイソギンチャク、サンゴなどは、「刺胞」という毒の器官をもっていて、「刺胞動物」とよばれている。刺胞は細胞の中にある小さなふくろのような器官だ。

カツオノエボシ（➔p.106）

## 毒針のしくみ

刺胞は、外からしげきを受けると、刺胞の中にある細長い毒針（刺糸）が飛び出して、相手にささる。刺糸にはぎゃく向きのとげがあり、ぬけにくいしくみになっている。

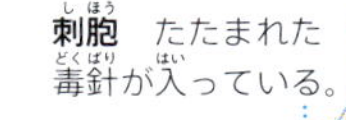


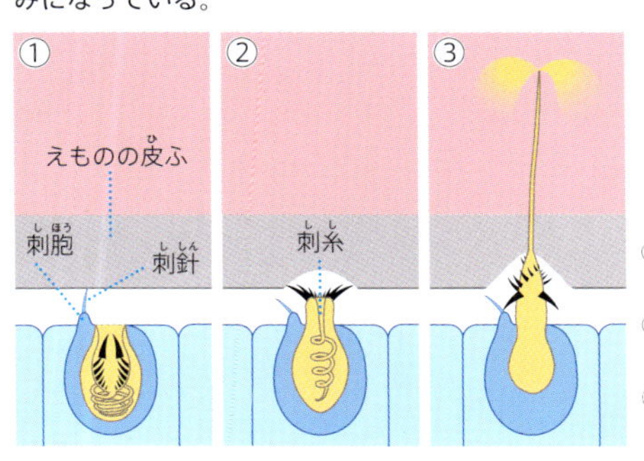


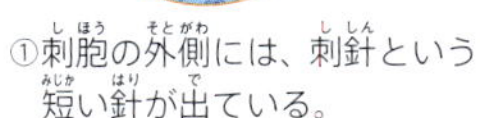

①刺胞の外側には、刺針という短い針が出ている。
②刺針がしげきされると、中から刺糸が発射される。
③刺胞の中の毒液が刺糸の中を通って、えものに注入される。

## 多く見られる時期

クラゲは種類によって、見られる時期が決まっている。

| 主なクラゲの名前 | 発生する季節 春（3～5月） | 夏（6～8月） | 秋（9～11月） | 冬（12～2月） |
|---|---|---|---|---|
| カツオノエボシ ☠ ➔p.106 | ■ | ■ | | |
| ハブクラゲ ☠ ➔p.142 | | ■ | ■ | |
| カギノテクラゲ ☠ ➔p.106 | ■ | ■ | | |
| アンドンクラゲ ☠ ➔p.106 | | ■ | ■ | |
| オキクラゲ ☠ ➔p.107 | | ■ | | |
| アカクラゲ ☠ ➔p.107 | ■ | ■ | | ■ |
| アマクサクラゲ ☠ ➔p.107 | | ■ | | |
| ハナガサクラゲ ➔p.122 | ■ | ■ | | |
| エチゼンクラゲ ➔p.122 | | ■ | ■ | |

クラゲにさされたときのいたさは、毒針の長さや刺胞の多さと関係するといわれる。

## クラゲやイソギンチャクにさされたら

クラゲやイソギンチャクの毒の強さや量は、種によって差がある。軽い場合は、ピリッとしたいたみがあり、さされた所の皮ふが赤くなる程度ですむが、カツオノエボシやハブクラゲにさされるととてもいたく、みみずばれや水ぶくれができ、きずが長期間残ることもある。また、ひどい場合には意識がなくなったり呼吸が止まったりして、死んでしまうこともある。

### 手当ての方法

①さされた人がおぼれないように、海から運び出す。さされた所を強くこすってしまうと、ついていた刺胞（毒針）が発射され、いたみがひどくなる。ぜったいにやめよう。

②クラゲの触手がからみついている場合は、海水をかけながら、刺胞をしげきしないようにピンセットやはしを使ってそっと取りのぞく。ハブクラゲの場合は、酢をかけて刺胞の発射をふせぐ。

※クラゲの刺胞は真水や酢をかけると、かえってしげきされて毒液が発射される。ただし、ハブクラゲの刺胞は、酢で発射がおさえられる。

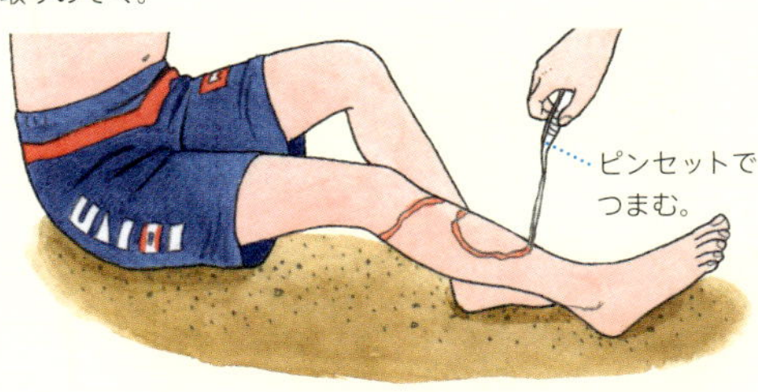


③いたみが強い場合は、冷やしながら病院へ行く。
呼吸が止まってしまった場合は、直ちに人工呼吸をして病院に運ぶ。

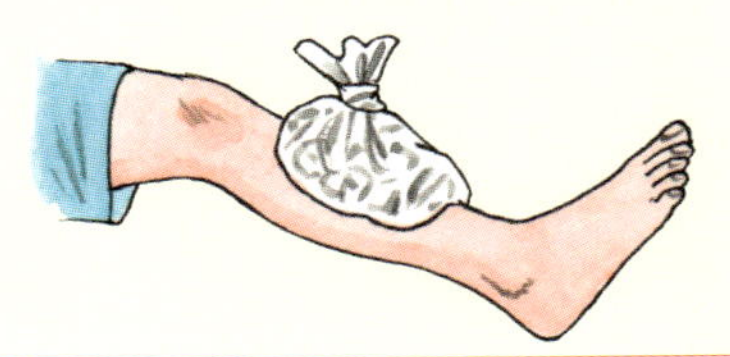

## ■さされないために

クラゲが発生している海で泳がないことが最も大切。クラゲをふせぐネットをはっている海水浴場では、ネットの内側で泳ぐこと。長そでのシャツやラッシュガードなどを着て、皮ふを守るのも効果的だ。

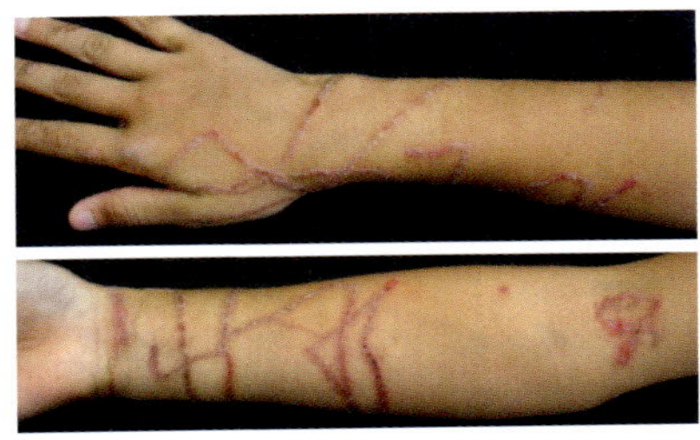

ハブクラゲ（➔p.142）にさされたあと

クラゲの触手を取りのぞいても刺胞が残っていることがあるので、こすってはいけない。

# 毒針でさす[クラゲ]

※クラゲが多く見られる時期は、p.104参照。

## カツオノエボシ(デンキクラゲ)

強い毒をもち、さされると電気ショックのようなはげしいいたみを感じるほか、呼吸が苦しくなったり、けいれんやはき気が起こる場合もある。●カツオノエボシ科 ●うきぶくろの長さ約10cm ●太平洋沿岸、琉球列島 ●外洋の海面。風向きによっては、沿岸や海辺におしよせる

砂浜に打ち上げられたカツオノエボシ。死んでいるように見えても、刺胞(→p.104)にさされることがあるので、さわってはいけない。

## カギノテクラゲ

小型のクラゲだが強い毒をもつ。さされると、はげしいいたみがあり、はき気や頭痛、けいれんなどを引き起こす。●ハナガサクラゲ科 ●かさの直径2cmまで ●日本各地 ●海藻の間にすむ(春〜夏)

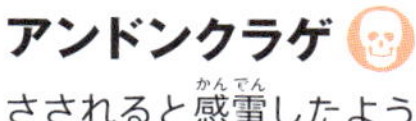

## アンドンクラゲ

さされると感電したようなショックや強いいたみがあり、みみずばれができる。●アンドンクラゲ科 ●かさの高さ3.5cmまで ●北海道〜九州 ●沿岸。8月中旬から海水浴場にあらわれる

あんどん

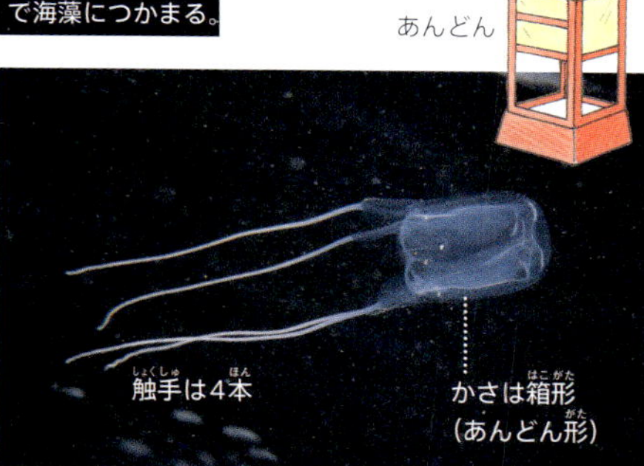


特に危険
危険



●科名 ●体の大きさ ●分布 ●環境

## オキクラゲ

さされると、強いいたみがあり、みみずばれができる。●オキクラゲ科 ●かさの直径7cmまで ●太平洋沿岸、琉球列島 ●沖から海水浴場におしよせることがある

## アマクサクラゲ

さされると、強いいたみがあり、みみずばれができる。●オキクラゲ科 ●かさの直径10cmまで ●本州中部以南 ●沿岸。海水浴場にあらわれることがある

## アカクラゲ（ハクションクラゲ）

さされると、強いいたみがあり、みみずばれができる。●オキクラゲ科 ●かさの直径20cmまで ●北海道～沖縄島 ●沿岸。海水浴場にあらわれることがある

## ミズクラゲ（ヨツメクラゲ）

日本で最もよく見られるクラゲ。毒はあまり強くなく、さされてもいたみはほとんどない。●ミズクラゲ科 ●かさの直径30cmまで ●日本各地 ●沿岸。海水浴場にあらわれることがある

カツオノエボシの触手は10m以上にもなり、近くに見えなくてもさされる危険がある。

# 毒針でさす［イソギンチャクなど］

## 【イソギンチャクの体のしくみ】

イソギンチャクのなかまは、クラゲをさかさまにした形で岩などにくっついている。

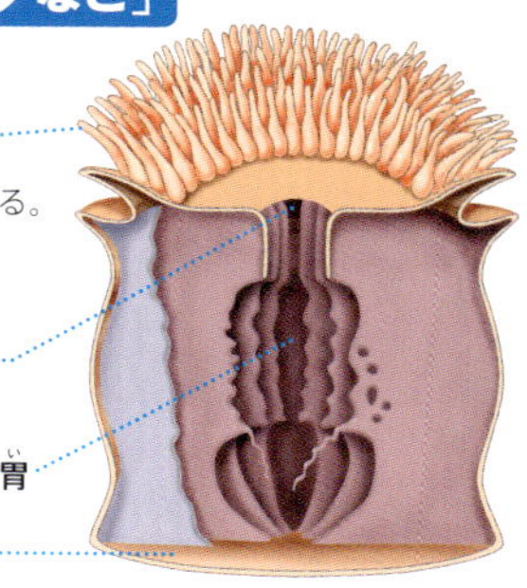

### ウデナガウンバチ

ウンバチ(海のハチ)という名前のとおり、ひじょうに危険。さされると、はげしくいたみ、赤くはれる。その後、強いかゆみが続く。●ハナブサイソギンチャク科 ●直径25cm ●紀伊半島以南、琉球列島 ●サンゴ礁

触手の色は、ピンク色、黄色、白、茶色などさまざま

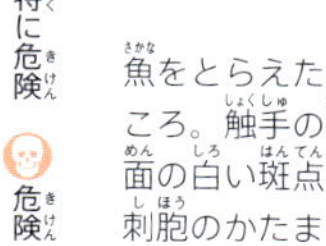

魚をとらえたところ。触手の表面の白い斑点は、刺胞のかたまり

### スナイソギンチャク

触手は48本ある。さされると、はげしいいたみがあり、はれあがる。●ウメボシイソギンチャク科 ●直径40cmまで ●本州中部以南 ●潮間帯～水深60m

特に危険
危険

●科名 ●体の大きさ ●分布 ●環境

## イラモ

形が海藻に似ているので、まちがってふれてしまう危険がある。さされると強いいたみがあり、赤くはれる。●エフィラクラゲ科 ●ポリプの直径0.3cm ●房総半島以南 ●サンゴ礁や沿岸の岩礁

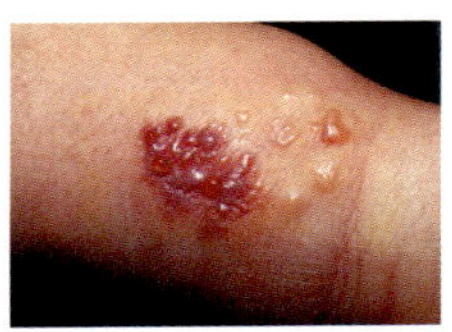

イラモのポリプにさされたあと

### ポリプの時期とクラゲの時期

刺胞動物の多くには、岩などにくっついて分裂し、群体をつくるポリプの時期と、海をただよって繁殖をするクラゲの時期がある。

イラモのポリプ。一年中見られる。ヒトがさされるのは主にポリプの時期。白い部分が口で、周りに触手が出ている。

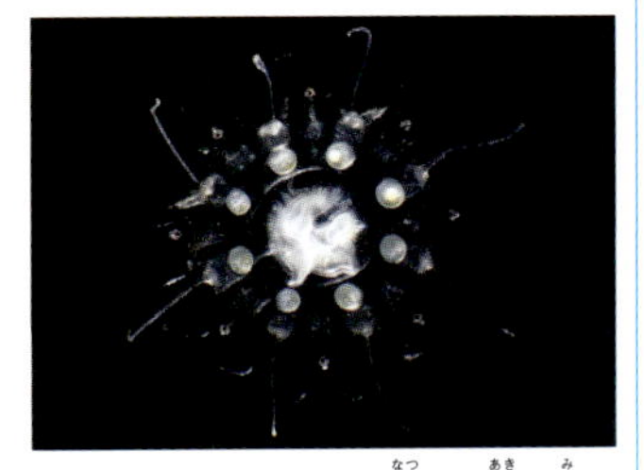

クラゲになったイラモ。夏から秋に見られる。かさの直径は数mm。海をただよい、卵を産む。

## シロガヤ

毒は強くないが、さされると軽いいたみがあり、赤くはれてかゆみが出る。
●ハネガヤ科 ●高さ20cmまで ●北海道以南、小笠原諸島 ●サンゴ礁や浅い海の岩礁

## クロガヤ

毒は強くないが、さされると軽いいたみがあり、赤くはれてかゆみが出る。
●ハネガヤ科 ●高さ20cm ●本州中部以南、琉球列島 ●サンゴ礁や浅い海の岩礁

ガヤのなかまは、ポリプが集まって鳥の羽の形をつくり、岩にくっついている。

# 毒とげでさす［ウニ］

細長いとげはもろく、さされると折れやすい。

## ガンガゼ

とげの先には毒があり、さされると危険。はげしくいたみ、はれて水ぶくれができる。●ガンガゼ科 ●殻径6～7cmまで ●房総半島以南 ●潮間帯～水深約30m

上から見ると、肛門の周りがオレンジ色

## アオスジガンガゼ

細長いとげの先に毒があり、さされるとはげしくいたみ、はれる。肛門の周りが黒い。●ガンガゼ科 ●殻径6～7cmまで ●房総半島以南 ●潮間帯～水深約30m

## トックリガンガゼモドキ

細長いとげと太く短いとげをもっている。細長いとげの先に毒がある。さされると、はげしくいたみ、はれる。●ガンガゼ科 ●殻径10cmまで ●房総半島以南 ●潮間帯～潮下帯のサンゴ礁

## ガンガゼにさされると

磯遊びをしているときに、足のうらや手足の指先をさされる場合が多く、さされた直後からはげしいいたみがある。

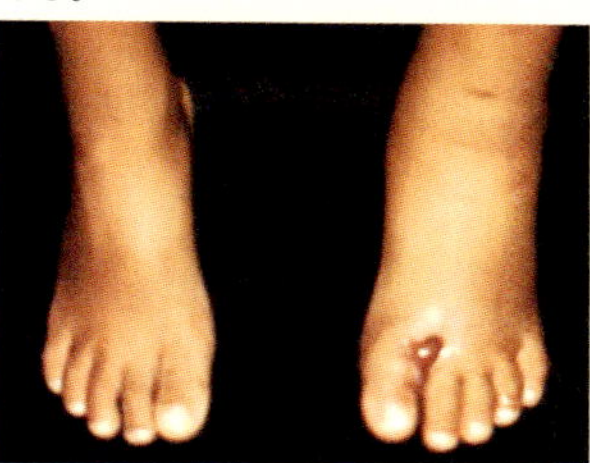

ガンガゼにさされた左足。水ぶくれができて足がはれあがっている。病院で治療を受けて5日目くらいで、ようやく水ぶくれやはれがひいた。

### 手当ての方法

ささったとげを取りのぞく。ガンガゼ類のとげは折れて残りやすいので、病院で取ってもらったほうが安全。さされた所を43℃ぐらいのお湯につけると、いたみがやわらぐ。

特に危険
危険



●科名 ●体の大きさ ●分布 ●環境

## 毒とげでさす［ゴンズイ］

### ゴンズイ

さされると、焼けつくようないたみがある。体表のねん液にも毒がふくまれている。●ゴンズイ科 ●全長20cm ●能登半島、千葉県～九州南部・西部、琉球列島 ●浅い岩礁や港湾

胸びれのとげ

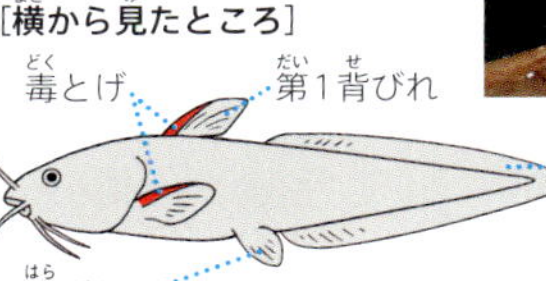


第2背びれとしりびれは、尾びれとつながっている。

### ゴンズイにさされると

ゴンズイにさされると電気が走ったようなはげしいいたみがあり、いたみは数時間から数日続く。さされた所ははれあがり、ときには皮ふが壊死してしまうこともある。

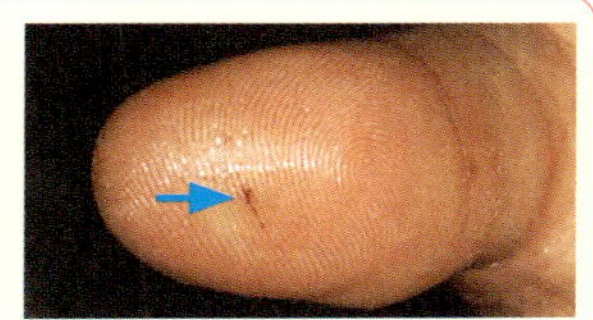

ゴンズイにさされたあと（右手の親指）

**手当ての方法**

さされた所を、やけどしないくらいの熱いお湯（43℃ぐらい）に30分から1時間ほどつけると、いたみがやわらぐ。重症の場合は病院でみてもらおう。

## 毒とげでさす［フサカサゴ、ハオコゼ］

### イソカサゴ

ひれの毒とげにさされるといたい。頭部にもとげがあるが、毒があるかは不明。潮だまりでよく見られる。●フサカサゴ科 ●全長10cm ●本州～九州 ●岸近くの岩礁

### ハオコゼ

ひれのとげに強い毒がある。さされると、はげしいいたみがある。防波堤でつりをしていると、かかることが多い。●ハオコゼ科 ●全長10cm ●本州～九州 ●藻場や岩礁の浅い所

ゴンズイは、つり針にかかって外そうとしたときにさされる場合が多いので注意。

# 毒とげでさす［エイ］

春から夏は繁殖のため、浅い海や河口にいる。砂にもぐり、身をかくしているので、ふまないように、すり足で歩こう。

## アカエイ

尾の中ほどに毒とげがある。さされると、はげしいいたみのほか、発熱やはき気、けいれんなどを起こす。ひどい場合は呼吸こんなんになって死ぬこともある。

●アカエイ科 ●全長120cm ●北海道～九州、小笠原諸島 ●湾内や河口などの砂泥底

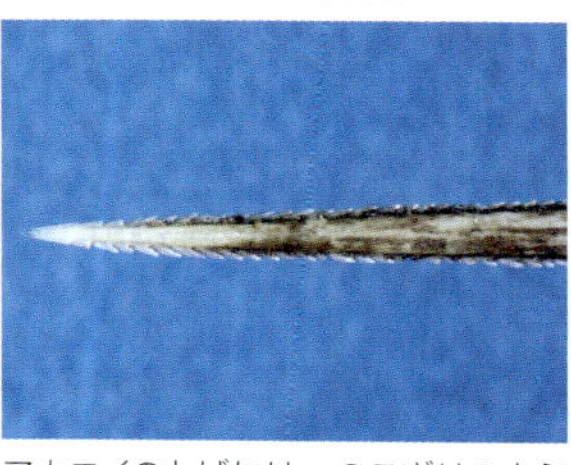

アカエイのとげには、のこぎりのようなぎざぎざがあり、ささるとぬけにくい。とげはかたく、長ぐつの底などもかんたんにつらぬいてしまう。

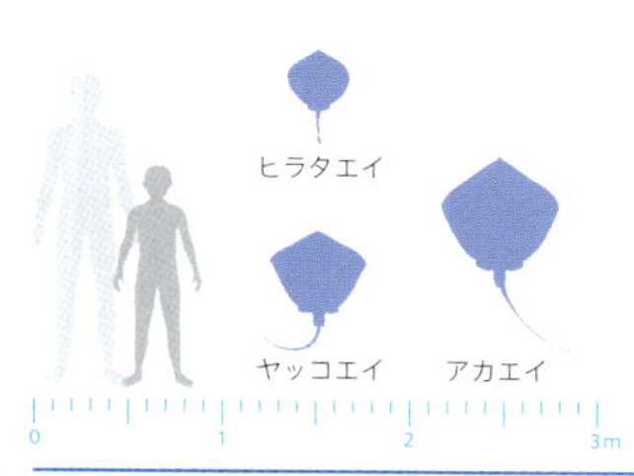


### 事件ファイル　エイに胸をさされて死亡

2006年にオーストラリアで、テレビ番組をさつえい中の男性がエイにさされた。浅い海で泳ぎながら、エイの後ろから近づこうとしたときに胸をさされたようだ。すぐにささったとげをぬいたが、間もなくいたみのために意識を失い、なくなった。

刺毒　咬毒　吸血・病気媒介　刺咬傷・けが　防御毒　食中毒

特に危険　危険



●科名 ●体の大きさ ●分布 ●環境　●は特に注意が必要な部位

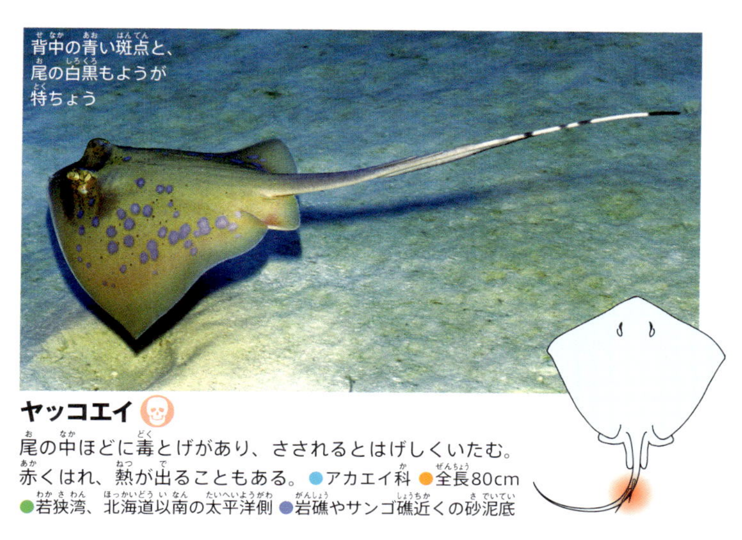
背中の青い斑点と、尾の白黒もようが特ちょう

## ヤッコエイ

尾の中ほどに毒とげがあり、さされるとはげしくいたむ。赤くはれ、熱が出ることもある。●アカエイ科 ●全長80cm ●若狭湾、北海道以南の太平洋側 ●岩礁やサンゴ礁近くの砂泥底

## ヒラタエイ

尾の中ほどにある毒とげは長く、深くささる。はげしいいたみとともに、赤くはれて、はき気や発熱などの症状が出る。

●ヒラタエイ科
●全長50cm
●南日本 ●大陸だなの砂泥底

## エイにさされたら

エイの毒とげにさされると、きず口から毒が入り、10分ほどではげしいいたみにおそわれる。きず口の周りがはれるほか、発熱、はき気やげり、血圧の低下、けいれんなど、全身に症状が出ることもある。死にいたる例はまれで、多くの場合、2日間以内にいたみやはれがだんだん消えていく。しかし、なかには、きずが完全に治るまで2年近くかかった例もある。

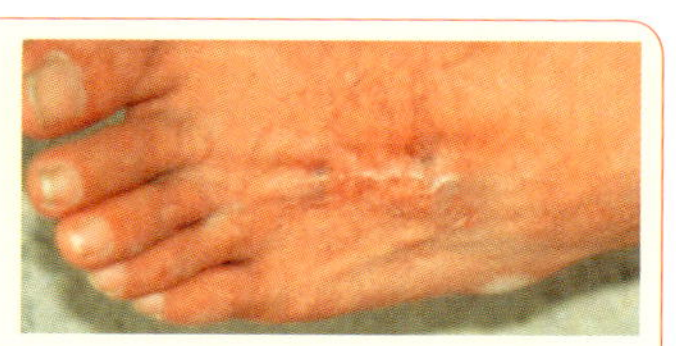
エイにさされたあと

### 手当ての方法

エイの毒はたんぱく毒で、熱によって働きが失われる。きず口を、やけどしないくらいの熱いお湯（43℃前後）に30～90分ひたすと、いたみがやわらぐ。応急手当をしたら、病院でみてもらおう。

砂浜に打ち上げられたエイも毒とげでさすことがある。むやみにふれてはいけない。

## だ液に毒がある［タコ］

### 【タコの体のしくみ】

ヒトの体は上から頭、胴体、あしとなっているが、タコは胴体、頭、うで（あし）の順で、頭からあしが出ていることから頭足類とよばれている。

ろうと　目
うで（あし）　頭　胴体

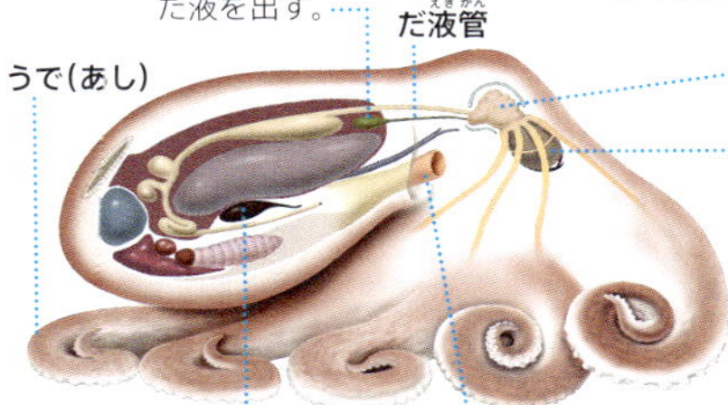


### マダコ

だ液に毒（たんぱく質）をふくむ。かまれると、いたみ、赤くはれる。日本で一般的にタコとよばれている種で、広く食用にされている。●マダコ科 ●体長50～60cm ●福島県以南、能登半島以南 ●潮間帯～大陸だなの水深200m

### サメハダテナガダコ

だ液に毒（成分は不明）をふくみ、かまれるとしびれる。熱帯地方では食用にされている。
●マダコ科 ●体長30～70cm
●房総半島以南～琉球列島 ●岩礁域やサンゴ礁域の浅い砂底

全身に多数の白い斑点

## 血を吸う・病気をうつす［ヌカカ］

### イソヌカカ

血を吸う。海岸に多く、つり人や海水浴客が被害を受けることも多い。「ブユ・ヌカカにさされると」（➔p.79）参照。
●ヌカカ科 ●前ばねの長さ1.2～1.3mm
●北海道～沖縄 ●海岸。幼虫は海岸の泥の中など ●6～8月

## けがのおそれがある［魚］

### トラウツボ
（アブラウツボ、コメウツボ、ジャウツボ）

あごとのどにするどい歯があり、かまれると大けがをする。●ウツボ科 ●全長90cm ●千葉県～伊江島 ●沿岸の岩礁

体はオレンジ色で、黒くふちどりされた小さな白い斑紋がたくさんある。

### あごの中にまたあごがある!?

ウツボのなかまには、のどの骨（咽頭骨）にするどい歯があり、「第2のあご」とよばれている。ウツボは「第2のあご」を前後に動かすことができるので、このあごにかまれたえものは、のどのおくに引きずりこまれる。

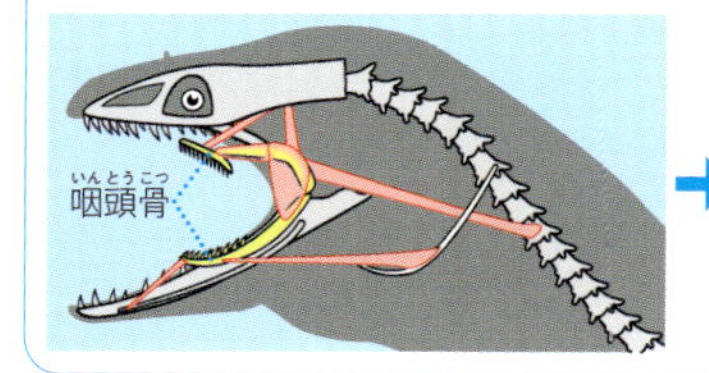


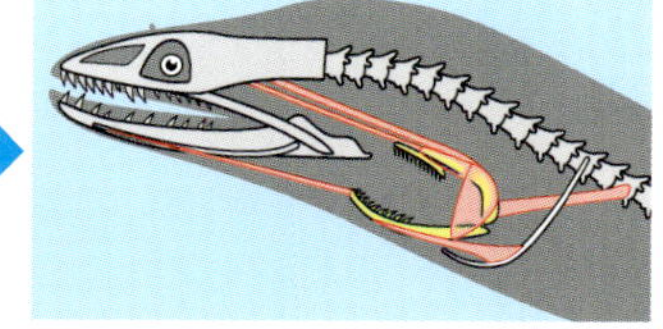

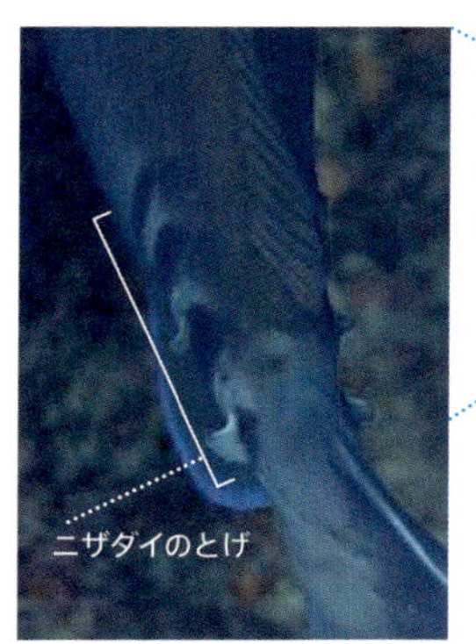

### ニザダイ

尾びれのつけ根にするどいとげがある。つりあげたときに不用意につかむと大けがをする。●ニザダイ科 ●全長50cm ●本州以南 ●沿岸の岩礁域

ニザダイは、磯づりの外道（目的の種類ではない魚）としてかかることが多い。

# けがのおそれがある[シャコ、カニなど]

## 【シャコの体のしくみ】

シャコやカニなどの甲殻類は、あしが変化してできた捕脚やはさみあしをもっている。手を出すと、はさまれたりたたかれたりして危険。

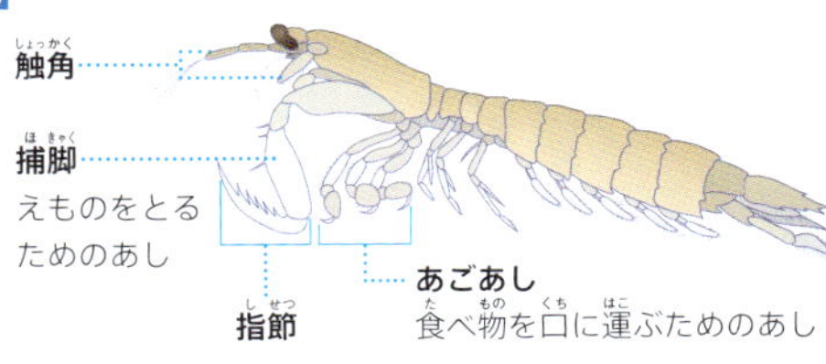

### シャコ

捕脚の指節に6本のとげをもつ。捕脚でたたく、はさむ、つきさすおそれがあるので、手を出さないこと。●シャコ科 ●体長18cm ●北海道の日本海沿岸、本州～九州 ●潮間帯～水深30mの砂底、砂泥底

### ウミケムシ

毛虫のようにとても多くの剛毛をもつ。剛毛がささると、いたみとかゆみがでる。剛毛は中が空どうになっていて、毒をもっている可能性がある。●ウミケムシ科 ●体長8～14cm ●本州中部以南 ●浅海の砂底

### イワフジツボ

小さなフジツボで、海岸の岩の表面についている。からがとがっているので、転んで手や足を切らないように注意。

●イワフジツボ科 ●直径0.5～0.8cm ●北海道南部以南 ●潮間帯上部の岩

### 磯遊びでは岩の表面に注意

磯(岩場)で遊ぶときは、岩の表面についているイワフジツボやカメノテなどに気をつけよう。バランスをくずして、うっかりふれると、手足を切ってしまうことが多い。藻類がついている岩はすべるので、すべりにくいマリンシューズをはくのがおすすめ。

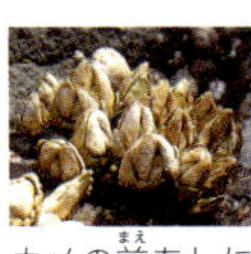

カメの前あしに似て、するどい形のカメノテ

ゴム底のマリンシューズ。はだしやサンダルよりも安全



特に危険
危険



●科名 ●体の大きさ ●分布 ●環境

### ガザミ（ワタリガニ）

危険を感じると、はさみあしをふり上げていかくする。はさまれるといたい。●ワタリガニ科（ガザミ科）●甲幅15cm ●北海道南部〜九州 ●潮間帯〜水深50mの砂底、砂泥底

### イシガニ

小型だが、はさみあしではさまれるといたい。●ワタリガニ科（ガザミ科）●甲幅8cm ●北海道南部以南 ●潮間帯〜水深45mの岩礁、砂泥底

## 見えないけれど、ちくちくいたいゾエア

エビやカニの幼生は、親とはちがった形をしていて、ゾエアとよばれる。ゾエアは魚などに食べられないように、甲らにするどく長いとげがある。春から夏にかけて海水浴場などで大量発生すると、とげが泳いでいる人の皮ふにささり、ちくちくとしたいたみやかゆみを引き起こすことがある。いたみを感じるときは海から上がること。

カニのゾエア。甲長数mmと小さく、体がとうめいなので、海中では見えない。

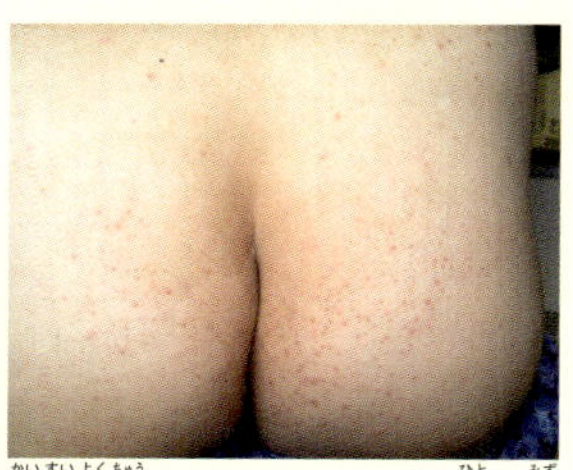

海水浴中にゾエアにさされた人。水着におおわれていた部分もさされて、ぽつぽつと赤くなっている。かゆみ止めの薬をぬってしばらくしたら、よくなった。

0　10　20　30　40　50　60　70　80　90　100cm

ウミケムシの剛毛がささったら、こすらず、セロハンテープなどをはってはがして取る。

# 食中毒を起こす魚介類

**水中の動物で食中毒の原因となるものには、魚や貝、カニなどがいる。これらの多くは、自分で毒をつくっているのではなく、プランクトンなどのえさから取りこんで、体にためている。**

### トラフグ

内臓などにフグ毒をもつ。フグ毒に中毒すると、呼吸のための筋肉がまひして息ができなくなり、死んでしまうこともある。

### クサフグ

内臓などにフグ毒をもつ。背中が深緑色をしているので、クサ（草）フグという。

### アオブダイ

フグ毒の約20倍の毒性をしめすパリトキシンに似た毒を、内臓や筋肉にもつ。これまでに多くの食中毒が発生し、死者も出ている。

### バラハタ

内臓や筋肉にシガテラ毒をもつ。沖縄では食用だが、中毒が多い。イッテンフエダイとバラフエダイも同様。

いずれのひれも、後ろが黄色

黒い斑紋

### イッテンフエダイ

### バラフエダイ

特に危険

危険

シガテラ毒をもつ魚は400種以上。世界中で年間2万人以上が中毒しているといわれている。

## ウモレオウギガニ

あしや甲らに、フグ毒やまひ性貝毒をもつ。毒ガニのうち毒性が最も強いため、食中毒例が多く死者も出ている。

## ムラサキイガイ

げり性貝毒、まひ性貝毒をもつことがある。「ムール貝」として食用にされる。

## アサリ

げり性貝毒、まひ性貝毒をもつことがある。2016年と2018年に大阪府で、まひ性貝毒による食中毒が起きている。

## マガキ

げり性貝毒、まひ性貝毒をもつことがある。貝毒による食中毒のほかに、ノロウイルスによる食中毒例も多い。

### ノロウイルスにも注意

日本では毎年2万～4万人が食中毒になっている。その半数以上はノロウイルスが原因で、12月から3月にかけて多く発生する。ノロウイルスは貝毒とちがい熱に弱いので、加熱すれば食中毒をふせぐことができる。

#### ノロウイルス対策

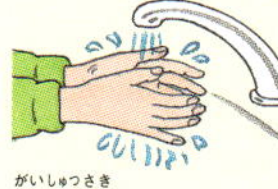

外出先やトイレからもどったら、石けんで手をきれいにあらう。

食品の中までしっかり熱を通す(中心部が85～90℃で90秒以上)。

食器や調理器具を、熱湯や塩素系漂白剤でしっかり消毒する。

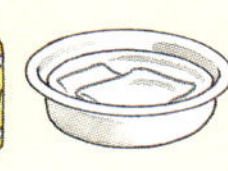

## バイ

1957年にフグ毒による中毒が1件、1965年にスルガトキシン類による中毒が14件起きている。

## アヤボラ

テトラミンをもっているので、しばしば食中毒が起きている。

## ボウシュウボラ

えさからフグ毒をためこむことがある。1980年ごろに3件の食中毒が起きている。

## ヒメエゾボラ(ネムリツブ)

テトラミンをもつ。テトラミンが体内に入ると眠気をもよおすため、「ネムリツブ」ともよばれる。

スルガトキシン類は視力低下や瞳孔散大、言語障害などを引き起こす神経毒。

# 沿岸・沖合にひそむ危険生物

ここでは、陸地から少しはなれた海の中で出あう可能性がある危険生物をしょうかいする。

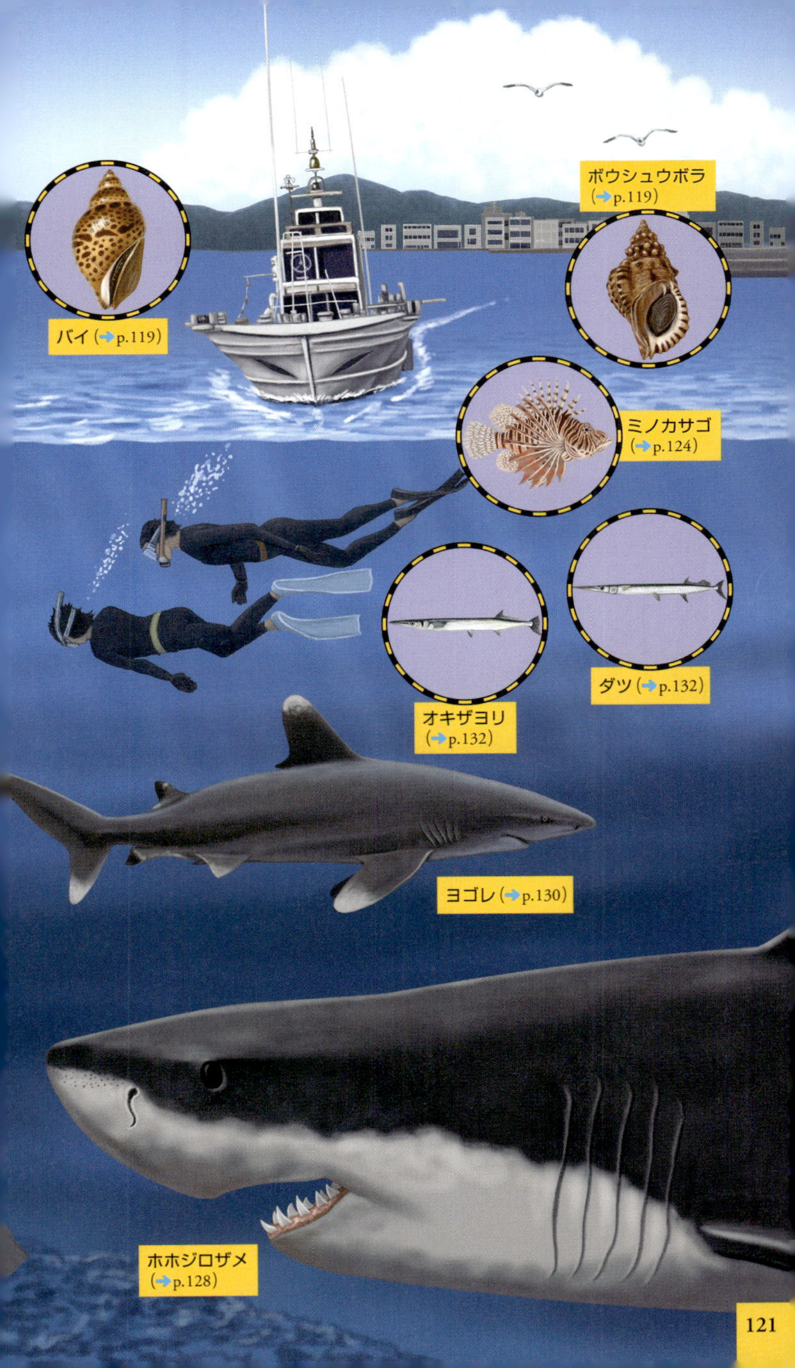
バイ（➔p.119）
ボウシュウボラ
（➔p.119）
ミノカサゴ
（➔p.124）
ダツ（➔p.132）
オキザヨリ
（➔p.132）
ヨゴレ（➔p.130）
ホホジロザメ
（➔p.128）

## 毒針でさす［クラゲ］

※クラゲが多く見られる時期は、p.104参照。

### エチゼンクラゲ

日本で最も大型のクラゲ。毒はあまり強くない。さされると、軽いいたみがあり、はれやかゆみが出る。●ビゼンクラゲ科 ●かさの直径1mまで ●日本海、東北地方太平洋沿岸 ●沿岸の上層〜海底近く

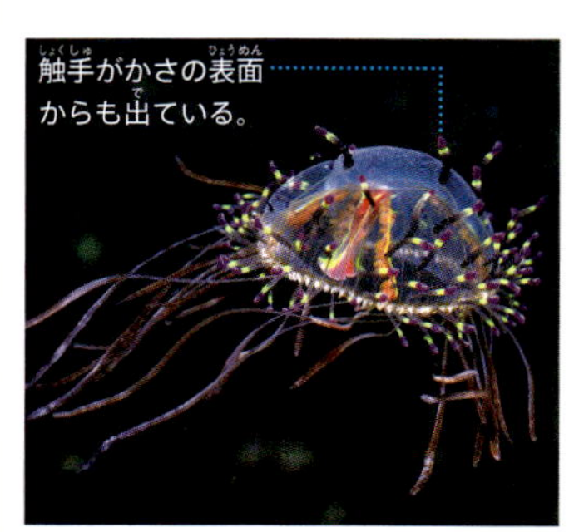


### ハナガサクラゲ

深い海底にすんでいることが多いので、さされることはまれ。さされると、はげしくいたみ、はれる。●ハナガサクラゲ科 ●かさの直径15cmまで ●本州〜沖縄島 ●沿岸の上層〜海底近く

### 納豆アレルギーの意外な原因

納豆を食べるとアレルギー症状が出る人の中には、サーフィンやスキューバダイビングなどのマリンスポーツをしている人の割合が高いことがわかった。クラゲに何度もさされるうちに、クラゲの触手と同じ成分をもつ納豆のねばねばにも、アレルギー反応が起きるようになったと考えられている。

## 毒とげでさす［ウニ］

### イイジマフクロウニ

とげには毒があり、さされるとはげしくいたむ。しびれやまひの症状が出る。●フクロウニ科 ●殻径15cmまで ●相模湾〜九州 ●水深8〜120m

特に危険 危険



●科名 ●体の大きさ ●分布 ●環境　●は特に注意が必要な部位

# 毒とげでさす［アイゴ］

夜、休んでいるアイゴ。昼間と体色がことなる。

## アイゴ

ひれに毒とげをもつ。さされた直後にははげしいいたみがある。つりの魚として人気があるため、さされる事故が多い。

●アイゴ科 ●全長30cm ●本州以南、琉球列島、小笠原諸島 ●沿岸の浅い岩礁

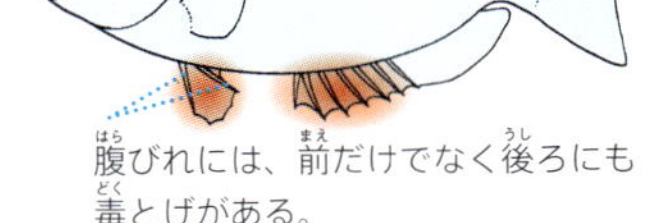

腹びれには、前だけでなく後ろにも毒とげがある。

## アイゴにさされると

アイゴ類の毒とげは、たてにみぞがあり、上から3分の1ぐらいの所にある毒腺から出た毒が、そのみぞを伝わるようになっている。さされた直後にははげしいいたみがあり、数時間から数日も続く。きず口は小さいが、さされた所は最初は青白く、やがて赤くはれ、しびれることもある。

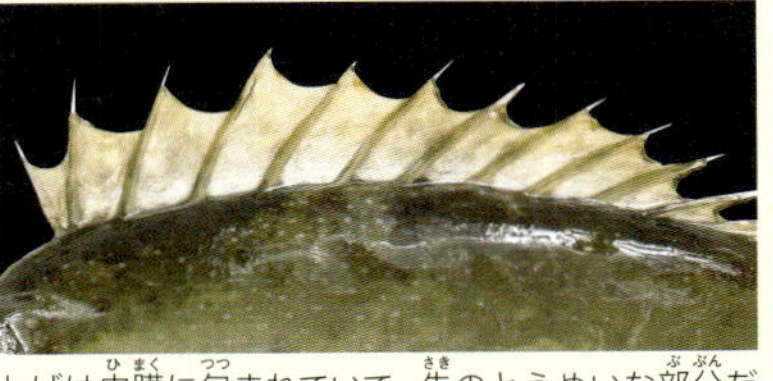

とげは皮膜に包まれていて、先のとうめいな部分だけが外につき出る。写真は背びれ

### 手当ての方法

やけどしないくらいの熱いお湯（43℃前後）に30〜90分ぐらいつけると、いたみがやわらぐ。

エチゼンクラゲは何年かに一度大発生し、夏〜秋に日本海にやってくることがある。

# 毒とげでさす［フサカサゴ、オニオコゼなど］

## ミノカサゴ

ひれのとげに強い毒がある。さされると、すぐにはげしいいたみがあり、赤くはれあがる。
●フサカサゴ科 ●全長30cm ●北海道～九州 ●沿岸の岩礁

## オニカサゴ

ひれのとげに毒があると考えられる。頭部にもとげがあるが、毒があるかは不明。
●フサカサゴ科 ●全長27cm ●秋田県および千葉県～九州 ●岸近くの岩礁やサンゴ礁

体色は個体によって差がある。

## サツマカサゴ

ひれのとげに毒があると考えられる。頭部にも細かいとげがあるが、毒があるかは不明。
●フサカサゴ科 ●全長25cm ●山口県および千葉県以南、沖縄諸島 ●浅い岩礁や砂底

## ミノカサゴ類にさされると

ミノカサゴ類は、ひれに毒をもつ。毒はとても強力で、さされるとすぐにはげしくいたむ。いたみは、軽い場合は数時間、ひどいときには数日間も続く。さされた部分は赤くはれあがり、水ぶくれになることもある。

### 手当ての方法

さされた所を、やけどをしないくらいの熱いお湯（43℃前後）につけると、いたみがやわらぐ。重症の場合は病院でみてもらおう。

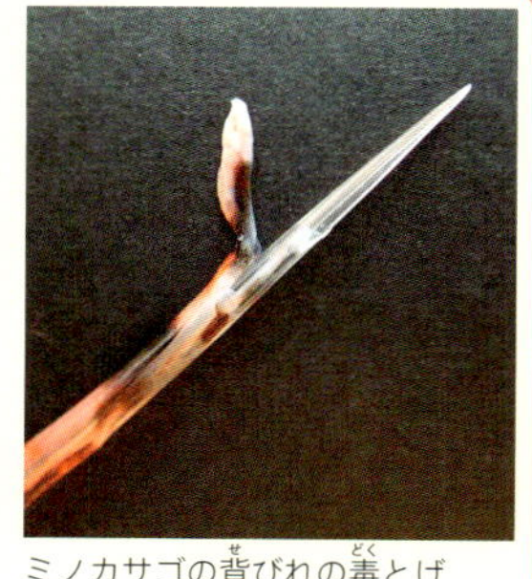
ミノカサゴの背びれの毒とげ

特に危険
危険



●科名 ●体の大きさ ●分布 ●環境　●は特に注意が必要な部位

### ダルマオコゼ

ひれに毒とげをもつ。さされると、はげしくいたみ、はれる。●オニオコゼ科 ●全長15cm ●本州の中部地方以南 ●沿岸の岩礁域や小石の多い海底

### オニオコゼ

ひれのとげに強い毒がある。さされると、はげしくいたみ、はれる。●オニオコゼ科 ●全長30cm ●本州～九州、小笠原諸島 ●大陸だなの砂泥底

### ヒメオコゼ

ひれのとげに毒がある。さされると、はげしくいたみ、はれる。●オニオコゼ科 ●全長10cm ●北海道と琉球列島をのぞく日本各地 ●沿岸や内湾の砂泥底

### ハチ

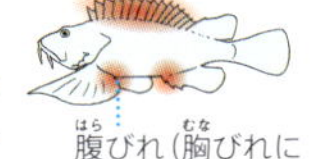


ひれのとげに毒がある。さされると、はげしくいたみ、はれる。●ハチ科 ●全長15cm ●新潟県および茨城県～九州、小笠原諸島 ●大陸だなの砂泥底

### アブオコゼ

ひれのとげに毒がある。さされると、はげしくいたみ、はれる。●イボオコゼ科 ●全長15cm ●北海道と琉球列島をのぞく日本各地 ●沿岸の砂泥底

### イボオコゼ

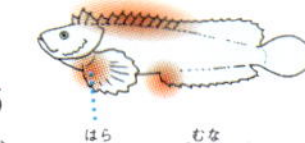


ひれのとげに毒がある。さされると、はげしくいたみ、はれる。●イボオコゼ科 ●全長10cm ●相模湾以南の太平洋岸 ●浅海の砂泥底

アブオコゼとイボオコゼは、えらぶたにとげをもつが、毒があるかは不明。

# ヒトをおそうサメ

サメは嗅覚がすぐれ、数百m先のえもののにおいをかぎとることができる。血のにおいを感じると興奮してヒトをおそうこともあり、強力なあごでかみつかれると、大けがによって命を落とす危険もある。

えものをおそうホホジロザメ(➔p.128)。かみつく瞬間は、目がけがをしないように反転させて、白目になる。

## 体のしくみ

サメには、すぐれた狩りの能力をもつ種が多くいる。なかでもホホジロザメは、するどい感覚や力強い筋肉をもち、海の生態系の頂点に立つ生き物の1つだ。

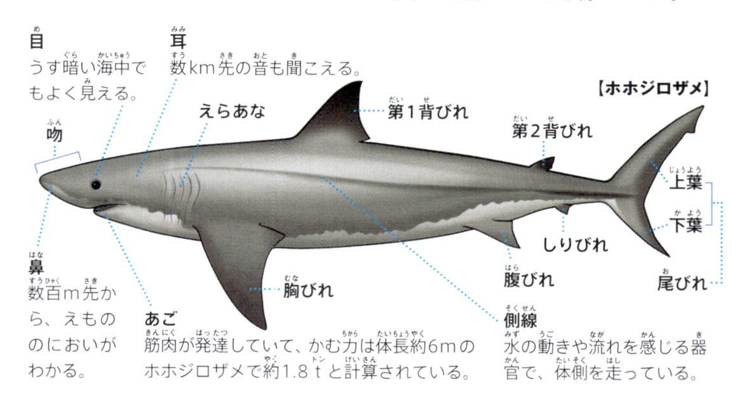


**ロレンチーニびん**
えものが出す弱い電気や、地球の磁場を感じる器官。吻の表面に小さなあながあいていて、中にはゼリー状の物質がつまっている。

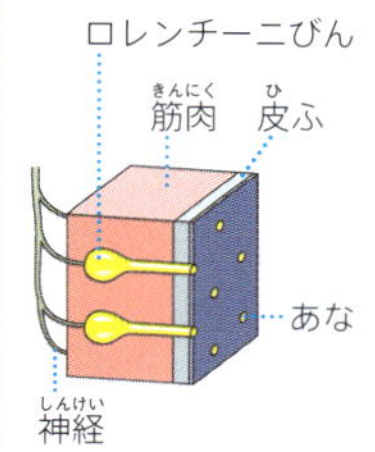




サメの皮ふをおおう細かいうろこは水の流れを整える効果があり、速く泳ぐことができる。

## 「切る歯」と「さす歯」

サメの最大の武器は歯。ホホジロザメの上あごの歯は「切る歯」で、うすくてはばが広く、そのふちにはのこぎりのようなぎざぎざがある。下あごの歯は「さす歯」で、細長い形をしている。歯は、使っているうちに欠けて切れ味が悪くなるが、すぐにぬけ落ちて新しい歯に生えかわる。

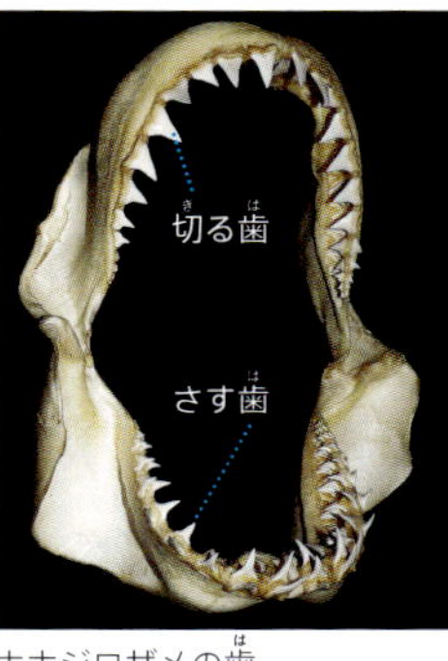

ホホジロザメの歯

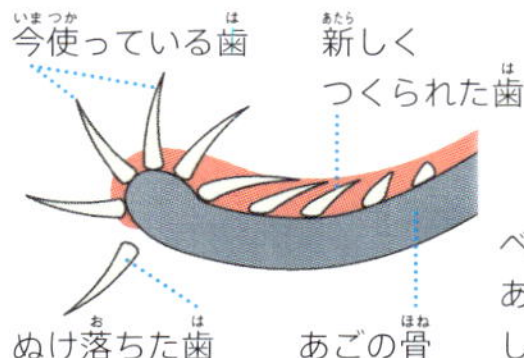

ベルトコンベアのように、あごの内側から外側におし出されてくる。

## サメはどうやって、えものをおそう？

サメは、さまざまな感覚を活用してえものをさがし、近づいておそう。

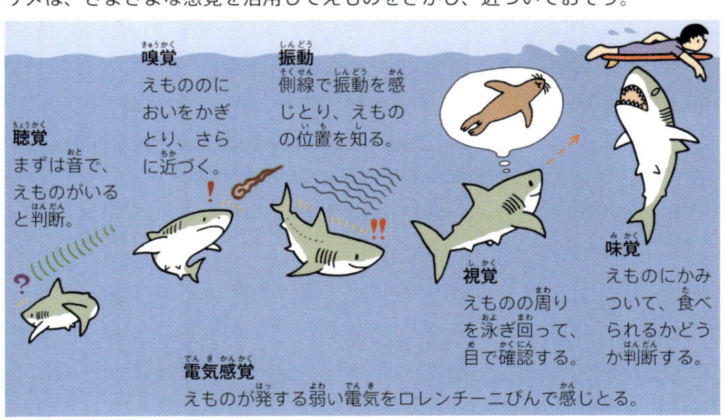


## おそわれないために

- サメが出るといわれている海には入らない。
- バシャバシャと音を立てない。
- 血のにおいにひきつけられるので、つった魚をさばいて内臓を海に捨てたり、出血がある状態で海に入ったりしない。
- 海中でサメがいることに気づいたら、すぐに水から上がる。

サメによる被害は、世界中で年間70～100件ほど起こっているといわれる。

# するどい歯をもつ［サメ］

※事故件数は「国際サメ被害目録」（2016年時点）による、世界の数字

## ホホジロザメ

最も危険なサメといわれる。ふちがぎざぎざになった歯で、肉や骨を切りさく。上あごは「切る歯」、下あごは「さす歯」（➔p.127）。314件の事故例があり、80人が死亡している。●ネズミザメ科 ●全長6m ●北海道〜九州 ●外洋から沖合

大きな口をあけて、海面におどり出るホホジロザメ

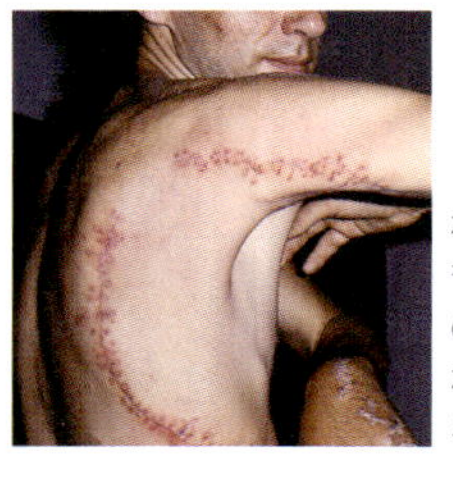

ホホジロザメにおそわれて大けがをした人。もりを使って魚をとっていたので、魚の血のにおいにサメがひきつけられたと考えられる。奇跡的に助かったが、内臓まで達する大けがを負った。

### 事件ファイル　潜水中にホホジロザメにおそわれる

1992年に愛媛県で、タイラギという貝の漁をしていた潜水士が行方不明になった。タイラギ漁は、潜水服を着た人が海底におりて、泥の中にいる貝をとる。海上の支援船にいた船長が、助けを求める潜水士の声を聞いて引き上げようとしたところ、ヘルメットと、ちぎれた潜水服だけが上がってきた。潜水服に残った歯形を調べたところ、潜水士をおそったのは全長約5mのホホジロザメとわかった。

0 1 2 3 4 5 6 7 8 9 10 11 12 13 14 15 16 17 18 19 20m

●科名 ●体の大きさ ●分布 ●環境

特に危険　危険

歯は長く、
くぎのように
とがっている。

つり針にかかるとジャンプして、つり船の中に飛びこむこともある。

## アオザメ

するどくとがった「さす歯」をもつ。えものは丸飲みするか、大きいものは肉を引きちぎって食べる。18件の被害が記録され、ひとりが死亡している。 ●ネズミザメ科 ●全長4m ●日本各地 ●外洋の表層

第1背びれは大きく、胸びれのつけ根の後ろから始まる。ひれは、うす黒くふちどられている。

## クロヘリメジロザメ

上あごに「切る歯」がある。15件の事故が記録され、ひとりが死亡している。
●メジロザメ科 ●全長2.9m ●北海道以南の日本各地 ●沖合から沿岸

ほっそりとした体で、背はきれいな濃紺

ヨシキリザメの歯

## ヨシキリザメ

上あごに、外側にカーブした「切る歯」をもつ。13件の事故が記録され、4人が死亡している。 ●メジロザメ科 ●全長3.8m ●日本各地 ●外洋から沖合

ホホジロザメは、やや冷たい海でも活動できるため分布が広く、世界各地で被害が多い。

## ヨゴレ

上あごに「切る歯」(➔p.127)をもつ。10件の事故が記録され、3人が死亡している。

●メジロザメ科 ●全長3.5m ●房総半島以南 ●外洋から沿岸

## ドタブカ

上あごに「切る歯」をもつ。2件の事故が記録され、ひとりが死亡している。

●メジロザメ科 ●全長4m ●本州中部以南 ●沖合から沿岸

写真提供：アクアワールド茨城県大洗水族館

## ハナザメ

上あごにほっそりとした「切る歯」をもつ。16件の事故の記録がある。

●メジロザメ科 ●全長2.8m ●南日本 ●沖合から沿岸

### サーファーがサメにおそわれる理由

ヒトがサーフボードに乗ってバシャバシャと手足を動かすと、音につられてサメがよってくる。サーフボードに乗ったすがたを海中から見ると、サメのえものであるアシカやウミガメに似ているため、まちがえて攻げきされることがある。

刺毒
咬毒
吸血・病気媒介
刺咬傷・けが
防御毒
食中毒

特に危険
危険



●科名 ●体の大きさ ●分布 ●環境

# けがのおそれがある［サメ以外の魚］

## ウツボ（キダカ、キダコ）

あごとのどにするどい歯をもつ（➔p.115）。かまれた人が指を引きちぎられる事故が起こっている。●ウツボ科 ●全長80cm ●島根県および岩手県以南 ●沿岸の岩場

## ダイナンウミヘビ（ウミハブ、ズズウナギ）

するどいきばでかみついた後、体を回転させて肉を引きちぎろうとする。●ウミヘビ科 ●全長2m ●北海道南部～九州 ●内湾の浅い所から水深500mまでの砂泥底

## ハモ（ハム、ジャハム）

大きな口にするどい歯をもつ。かみつくと、体を回転させて肉を引きちぎろうとする。●ハモ科 ●全長2m ●本州以南 ●水深100mまでの砂泥底

ダイナンウミヘビは夜行性で、昼間は砂の中にもぐり、頭だけを外によく出している。

## ダツ（ダス、ハブ）

するどい歯と、先がとがった両あごで、ヒトがけがをする事故が起こっている。光に向かってくる習性があり、海面からジャンプもする。●ダツ科 ●全長1m ●北海道〜九州 ●沿岸の表層、汽水にも入ることがある

### 事件ファイル 夜の海でダツにさされる

ダツやオキザヨリは光に向かって突進してくる習性があり、夜間にライトを使っていたダイバーや漁師が、さされてしまうことがある。体にささったダツをその場で引きぬいてしまったために、大量に出血してなくなった人もいる。また、命はとりとめたものの、目にダツがささって失明した例も報告されている。

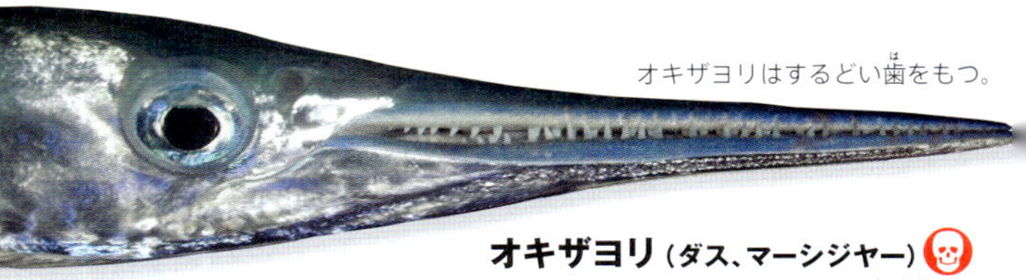

オキザヨリはするどい歯をもつ。

## オキザヨリ（ダス、マーシジャー）

とがったあごをもち、突進してくる。大けがや死亡事故も起きている。習性や体形はダツとよく似ているが、体がより大きくなる。●ダツ科 ●全長1.2m ●本州以南 ●沿岸の表層

## マカジキ（ナイラギ）

つり針にかかると海面をジャンプし、とがった鼻先をふりまわすことがあり危険。小型船にぶつかって、あなをあけてしまうこともある。●マカジキ科 ●全長3.8m ●日本各地、琉球列島 ●外洋の表層

立ち泳ぎをするタチウオ

タチウオのするどい歯

## タチウオ（タチ、タチオ）

かみそりのようにするどい歯をもち、ヒトの皮ふをかんたんに切ってしまう。体はとても細長く、左右に平たい。

●タチウオ科 ●全長1.3m ●北海道以南～九州南岸 ●沿岸～水深400m

## スズキ（ジャパニーズ・シーバス）

えらぶたにするどいとげがあり、背びれ、腹びれ、しりびれにかたいとげをもつ。

●スズキ科 ●全長1m ●日本各地の沿岸 ●内湾の岩礁域、若魚は汽水～淡水域

## ネズミゴチ（ノドクサリ）

えらぶたにぎざぎざしたとげがある。キスづりの外道（→p.115）としてよくつれ、つり針を外すときに指などをはさまれる。 ●ネズッポ科 ●全長25cm ●北海道南部～九州 ●内湾の岸近くの砂底

### 魚をつかむ道具

ネズミゴチのように体表がぬるぬるしていて、とげもある魚をあつかうときは、魚をつかむ道具を使う。つりのさいには、準備をしておこう。

ネズミゴチ。関東ではネズミゴチのことをメゴチとよぶ。

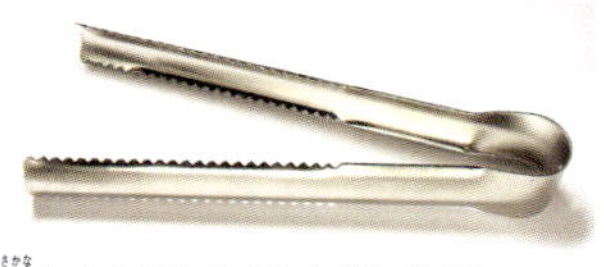

魚をつかむための「メゴチバサミ」

ダツが体にささったら、むりに引きぬくと出血死の危険があるので、そのまま病院へ行く。

# 南の島（陸）

沖縄島、奄美大島をふくむ琉球列島や小笠原諸島の島じまには、あたたかい地方特有の生物がくらしている。ヒトの命をおびやかすほどの猛毒をもつ危険生物もいるので、注意が必要だ。

沖縄島のハブ（➔p.136）

## 毒針でさす［アリ］

幼虫を運ぶオキナワアギトアリ

### オキナワアギトアリ

大あごでかみつき、腹部の先にある毒針でさす。あごをとじる力はとても強い。

●アリ科 ●体長9～10mm ●沖永良部島、沖縄島 ●石の下、高い木の根の周り

刺毒
咬毒
吸血・病気媒介
刺咬傷・けが
防御毒
食中毒

特に危険
危険



●科名 ●体の大きさ ●分布 ●環境

## 毒針でさす［サソリ］

体は黄色で細長く、まだらもようがある。

### マダラサソリ

攻げき性はないが、つかむと尾の先の毒針でさす。弱い毒性があり、さされるとはれる。●キョクトウサソリ科 ●体長40〜70mm ●琉球列島（沖縄島、宮古島、多良間島、石垣島、西表島）、小笠原諸島（父島、母島、硫黄島） ●家の周りや畑、道路わきの石の下などよく日の当たる乾燥した場所

### サソリにさされると

見た目とちがって、日本にすむサソリの毒は弱く、不用意につかんだりしないかぎり、めったにさされない。さされると、すぐにうずくようないたみを感じて赤くなったり、はれたりするが、数時間でおさまる。

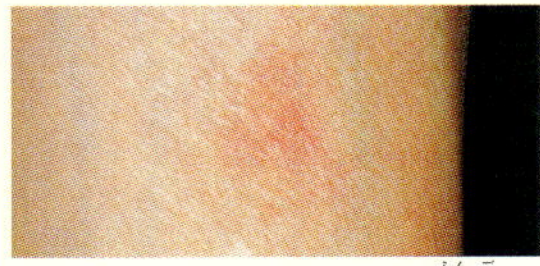
マダラサソリにさされて15分後

体は黒っぽい。尾は細くて短い。

### ヤエヤマサソリ

おとなしいサソリ。毒針は短く、さされても気がつかないほど。●ヤセサソリ科 ●体長25〜35mm ●琉球列島（宮古島、石垣島、西表島） ●森の中のくさった木や石の下、リュウキュウマツなどの木の皮の間

**事件ファイル**

### 衣料品店のジーンズでチクリ

沖縄県名護市の衣料品店で、ジーンズを試着しようとした女性がサソリにさされた。女性は救急車で病院に運ばれ5日間入院。さしたのは、日本にはいない、体長約5cmのキョクトウサソリで、中国から輸入したジーンズの中にまぎれこんでいたようだ。

オキナワアギトアリの「アギト」とは「あご」のこと。

# 毒牙でかみつく［ヘビ］

沖縄島のハブ

## ハブ

**（リュウキュウハブ、ホンハブ）**

日本最大の毒ヘビ。攻げき性が高く、毒性も強い。かまれるとはれやいたみがひどい。●全長100〜240cm ●沖縄諸島と奄美群島（座間味島、与論島などをのぞく）●森林から人家周辺まで広く分布

### ハブがいる島

ハブのなかまは、トカラ列島から八重山諸島にかけて生息している。最も分布が広いのがハブとヒメハブで、ハブは島ごとにもようが少しちがう。

奄美大島のハブ

徳之島のハブ

久米島のハブ

沖縄島のハブで、黄色みがなく「銀ハブ」とよばれるタイプ

■ハブまたはヒメハブがいる島
■サキシマハブがいる島
■トカラハブがいる島

特に危険
危険





●体の大きさ ●分布 ●環境

※この見開き内のヘビはすべてクサリヘビ科

## ハブにかまれると

ハブは体が大きく毒の量が多いため、かまれるとマムシ(→p.26)よりもはげしくいたみ、はれる。重症の場合はショック状態になり、だいたい48時間以内に死んでしまうが、血清(→p.25)がいきわたるようになってからは死亡例は少ない。手当ての方法は「毒ヘビにかまれたら」(→p.25)参照。

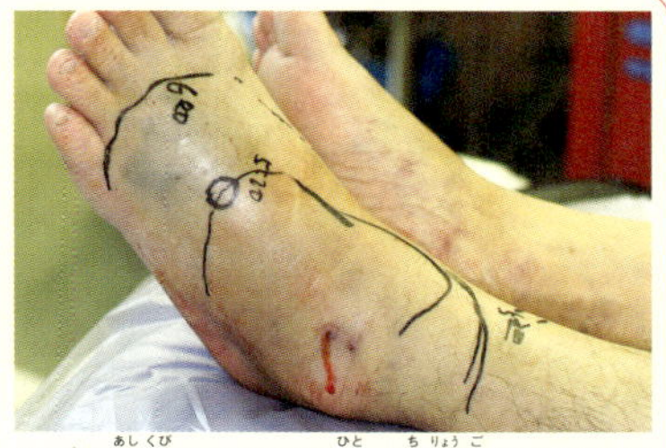

ハブに足首をかまれた人。治療後にかまれた部分の筋肉が壊死してしまったり、運動障害が残ったりすることもある。

### サキシマハブ

攻げき性は高くなく、毒性はハブよりも低いが、死亡例もあるので注意が必要。手足に後遺症が残ることがある。●全長60～120cm ●八重山諸島の石垣島や西表島。沖縄島に移入 ●平地から山地

### トカラハブ

毒性は弱く、重症化することはない。体色には、あわいかっ色のタイプ(写真)と、暗かっ色のタイプがある。
●全長60～150cm ●トカラ列島の宝島、小宝島 ●人家周辺、田畑、森林に広く分布

### ヒメハブ

攻げき性は低く、毒性も弱い。かまれるとひどくはれることがあるが、後遺症が残ることはない。●全長30～80cm ●沖縄諸島と奄美群島(喜界島、与論島などをのぞく) ●山地の渓流から林床、水田や耕作地まで

### ハブにかまれるのはどんなとき？

ハブは1年を通して活動するが、特に被害が発生するのは春と秋。1日のうちでは、午前8時から11時ごろと、午後4時から6時ごろまでが多く、庭や畑で農作業や草かりをしているときにかまれる人が多い。
ハブが攻げきするときは、S字形にちぢめた上体をすばやくのばしてかみつく。全長の3分の2ぐらいの長さまでのばせるので、大きな個体では半径1.5m以内に近づくと危険だ。

毎年100人ほどハブにかまれている。ハブは、えもののネズミを求めて人家にも入る。

## 毒牙でかみつく[クモ、ムカデ]

### アカオビゴケグモ

きばに猛毒をもつ。草かりをしていた人が、かまれて重症になった例がある。
●ヒメグモ科 ●体長メス8～12mm、オス3～6mm ●八重山諸島(石垣島、西表島、波照間島) ●草むらや田畑の周囲

### タイワンオオムカデ

頭部の下にある毒のつめ(➔p.31)ではさむようにかむ。毒は強く、かまれるとかなりいたむ。
●オオムカデ科 ●体長10～13cm ●琉球列島 ●森林や草むら

## 血を吸う・病気をうつす[カ]

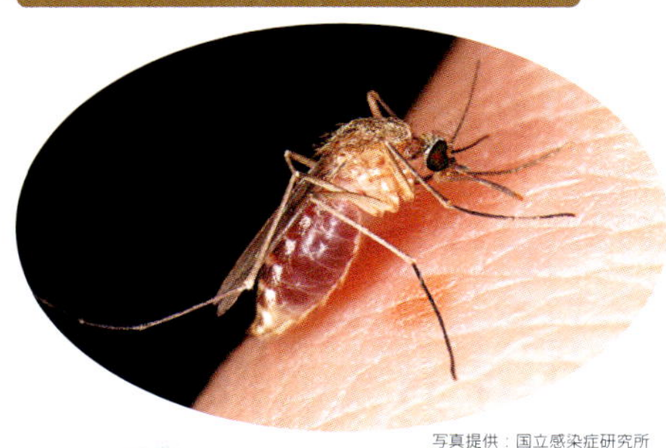

写真提供：国立感染症研究所

### ネッタイイエカ

夜に屋内に侵入し、よくヒトから血を吸う。バンクロフト糸状虫症(フィラリア症➔p.32)をうつす。血を吸うのはメスのみ。●カ科 ●前ばねの長さ2.5～4.3mm ●琉球列島、小笠原諸島 ●排水口など、人工的でよごれた開けた水場 ●一年中

刺毒
咬毒
吸血・病気媒介
刺咬傷・けが
防御毒
食中毒

特に危険
危険



●科名 ●体の大きさ ●分布 ●環境 ●成虫の時期 ●幼虫の食草

## 病気をうつす［カタツムリ］

### アフリカマイマイ

広東住血線虫の中間宿主。さわったり、生で食べたり、はい回った野菜をよく洗わずに食べたりしても感染する。●アフリカマイマイ科 ●殻高15cm以上 ●鹿児島県～琉球列島、小笠原諸島 ●農地に近い草地や林

### 広東住血線虫とは

広東住血線虫はネズミに寄生する寄生虫で、カタツムリなどが中間宿主（寄生生物が十分に発育し、繁殖が可能になる前の段階で寄生する相手のこと）。ヒトがカタツムリなどを生で食べたり、手についた広東住血線虫の感染幼虫が口に入ったりすると、脳に寄生し髄膜脳炎などの病気を引き起こす。

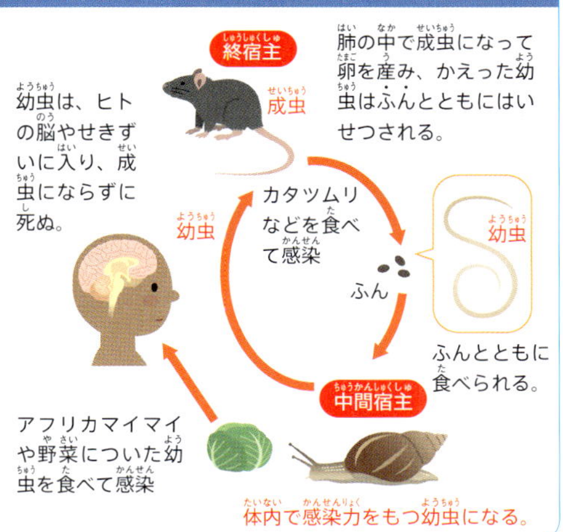


## 毒毛をもつ［カレハガ］

### イワサキカレハ（ヤマンギ）

幼虫の胸部（背中前方）とまゆに毒針毛をもつ。ふれるとはげしいいたみを感じ、後にかゆみといたみのある皮ふ炎になる。●カレハガ科 ●前ばねの長さオス30～35mm、メス45～55mm ●沖縄島、八重山諸島 ●山地～平地の林 ●11～1月 ●モクタチバナ、ホルトノキなど

日本で確認されたゴケグモは5種。アカオビゴケグモ以外は外国から入ってきた（➔p.29）。

## 皮ふから毒を出す［カエル、イモリ］

### オオヒキガエル

耳腺から大量の毒が出る。毒が目に入るとはげしくいたみ、失明するおそれもある。●ヒキガエル科 ●体長8.8～15.5cm ●北アメリカ南部～南アメリカ北部原産。小笠原諸島、石垣島などに移入 ●人里近くの開けた場所から海辺まで ⊗

オオヒキガエルはおこらせると、目の後ろの大きな耳腺や背中のいぼから、コンデンスミルクのような毒液を出す。

### オキナワイシカワガエル

体にある大小のいぼから、いやなにおいのする毒液を出す。実際に毒をどう使っているかは不明。●アカガエル科 ●体長8.8～11.7cm ●沖縄島 ●山地

### シリケンイモリ

皮ふからフグ毒をふくむ毒液を出す。腹はオレンジ色で、外敵に対してアカハライモリ（→p.44）と同じような警告行動をする。●イモリ科 ●全長10～19cm ●奄美群島、沖縄諸島 ●低地から山地

特に危険
危険

●科名 ●体の大きさ ●分布 ●環境 ●成虫の時期 ⊗特定外来生物

## 毒液を出す［サソリモドキ、ヤスデ］

### タイワンサソリモドキ

腹部の後ろから、酢のようなにおいの液体を噴射する。●サソリモドキ科 ●体長約4cm(尾をのぞく) ●石垣島、西表島、与那国島 ●森林の地表、落ち葉や石の下などのしめった場所 ●一年中

### アマミサソリモドキ（スムシ）

腹部の後ろから、酢のようなにおいの液体を噴射する。●サソリモドキ科 ●体長4～5cm（尾をのぞく） ●九州南部～沖縄島、久米島 ●森林の地表、落ち葉や石の下などのしめった場所 ●一年中

### ヤエヤママルヤスデ（ヤエヤマフトヤスデ）

日本最大のヤスデ。体の側面からいやなにおいの液を出す。指などにつくと皮ふが茶色く変色し、軽い炎症を起こすこともある。●マルヤスデ科 ●体長8～9cm ●石垣島、西表島 ●森林の地表のしめった場所

### ヤンバルトサカヤスデ

体の側面からいやなにおいの液を出す。市街地で大発生することがあり、つぶしたり焼いたりすると悪臭を放つ。●ヤケヤスデ科 ●体長約3cm ●本州～琉球列島 ●里山の林や草むら、市街地の側溝などのしめった場所

サソリモドキはクモのなかまで、サソリに似ているが毒針はもっていない。

# 南の島（海）

あざやかな色の魚やサンゴがくらす、琉球列島や小笠原諸島の亜熱帯海域には、ハブクラゲやサメなど、危険性の高い生き物も多くくらしている。

西表島近海のイソギンチャク（➔p.145）

## 毒針でさす［クラゲ］

※クラゲが多く見られる時期は、p.104参照。

箱形のかさの四すみから、それぞれ7～8本の触手が出ている。触手の長さは1～2mになる。

### ハブクラゲ

触手には、毒針が入った刺胞（➔p.104）という器官がある。この毒針にさされると、はげしいいたみがあり、みみずばれができる。症状がひどいと、呼吸がこんなんになり死ぬこともある。●ネッタイアンドンクラゲ科 ●かさの高さ10cmまで ●琉球列島 ●沿岸。夏場に海水浴場にあらわれる



特に危険
危険

●科名 ●体の大きさ ●分布 ●環境

事件ファイル

## ハブクラゲにさされて、死にかける

1988年に沖縄島の海水浴場で、2歳の男の子がハブクラゲにさされた。気を失い、呼吸が止まったため、父親が人工呼吸をほどこして救急病院に運んだ。この子は幸いにも回復して、5日目に退院することができた。

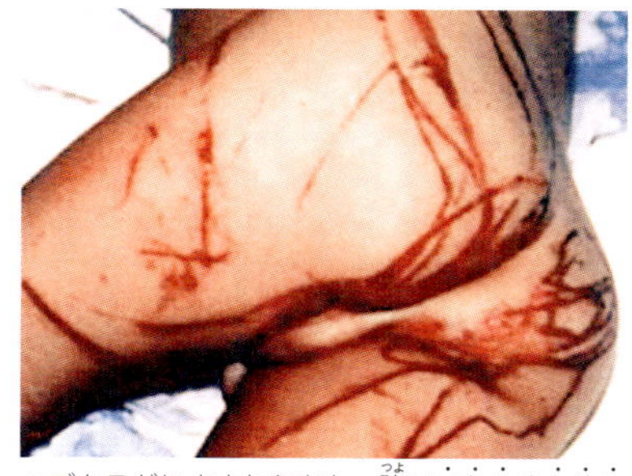

ハブクラゲにさされたあと。強いいたみやかゆみが何か月も続くことがある。

この事件以降、沖縄県ではハブクラゲをふせぐためのネットを設置する海水浴場が増えた。また、沖縄の海水浴場の多くでは、酢を用意している。ハブクラゲの刺胞は、酢をたっぷりかけると発射がおさえられることがわかっているためだ。ただし、毒を消したり、いたみをやわらげたりする効果はない。手当ての方法は、p.105参照。

クラゲをふせぐネットが設置された海水浴場

## 毒針でさす［イソギンチャク］

うでの表面に短い触手がたくさんついている。

### ハナブサイソギンチャク

強い毒がある刺胞をもつ。さされると、はげしくいたみ、かゆみが続く。●ハナブサイソギンチャク科 ●直径30cm ●琉球列島 ●サンゴ礁の砂地の海底

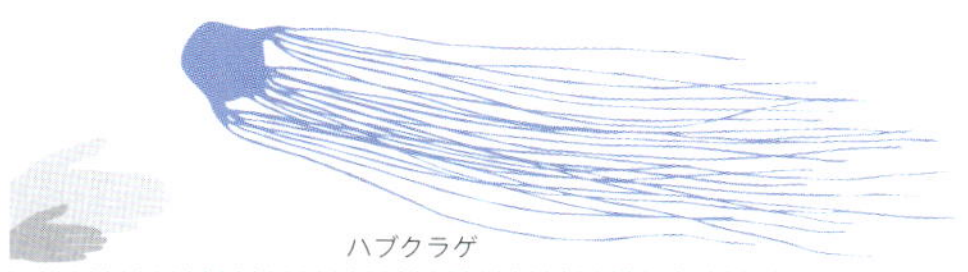

0 20 40 60 80 100 120 140 160cm

ハブクラゲは半とうめいで水面から見えにくいため、被害にあいやすい。

## ウンバチイソギンチャク

ひじょうに強い毒がある刺胞(➔p.104)をもつ。さされると、はげしくいたみ、はれあがる。ひどい場合は皮ふが壊死する。

● カザリイソギンチャク科 ● 直径15～25cm ● 奄美大島以南 ● サンゴ礁

触手の先には、刺胞がたくさんつまった刺胞球がついている。

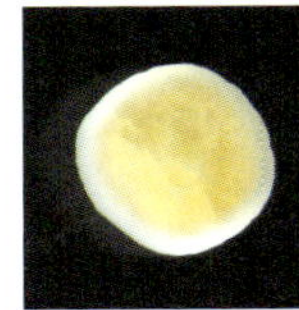
刺胞球

刺胞が発射されたところ

### ウンバチイソギンチャクにさされると

ウンバチイソギンチャクの毒が体に入ると、さされた部分がはれあがり、血のめぐりが悪くなる。ひどい場合は皮ふが壊死して、移植手術をしなければならないこともある。また、腎臓に障害が出ることもある。

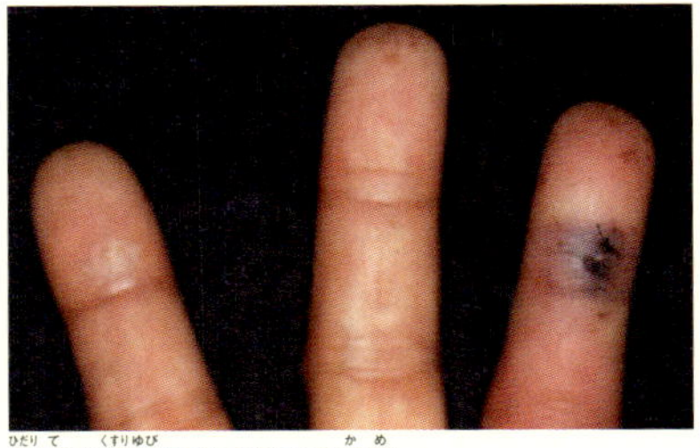
左手の薬指をさされて2日目

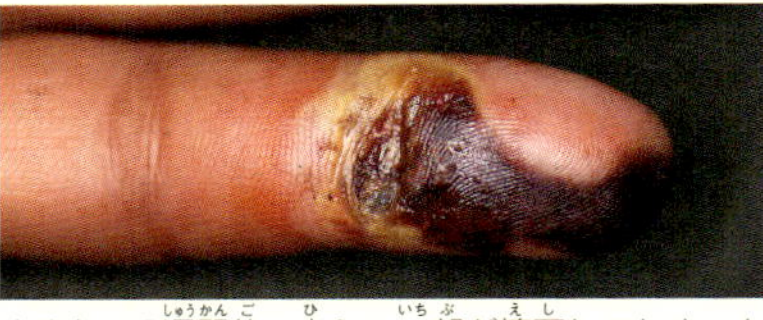
さされて2週間後。皮ふの一部が壊死してしまった。

#### 手当ての方法

酢や真水ではなく、海水で刺胞をあらい流す。「クラゲやイソギンチャクにさされたら」(➔p.105)参照。

刺毒 咬毒 吸血・病気媒介 刺咬傷・けが 防御毒 食中毒

特に危険 危険



● 科名 ● 体の大きさ ● 分布 ● 環境

## タマイタダキイソギンチャク

先が球のように丸くなっている触手を、たくさんもっている。さされると、はげしいいたみがあり、はれる。●ウメボシイソギンチャク科 ●直径20cm ●琉球列島 ●サンゴ礁の斜面の岩礁

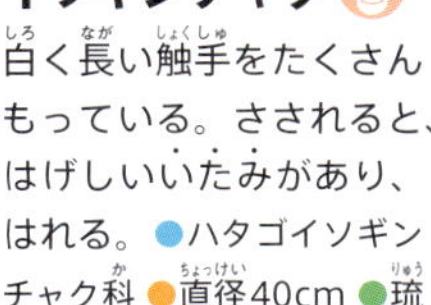

## シライトイソギンチャク

白く長い触手をたくさんもっている。さされると、はげしいいたみがあり、はれる。●ハタゴイソギンチャク科 ●直径40cm ●琉球列島 ●サンゴ礁の斜面の岩礁

カクレクマノミが共生する。

## ハタゴイソギンチャク

1～2cmの短い触手をたくさんもっている。さされると、はげしいいたみがあり、はれる。●ハタゴイソギンチャク科 ●直径50cm ●琉球列島 ●サンゴ礁の斜面の岩礁

### イソギンチャクをすみかにするクマノミ

クマノミのなかまは、敵が近づくとイソギンチャクの触手にかくれて身を守る。ふつうの魚は刺胞にさされて死んでしまうが、クマノミは体の表面から特別なねん液を出して、刺胞の発射をおさえている。

タマイタダキイソギンチャク
シライトイソギンチャク
ハタゴイソギンチャク
0 20 40 60 80 100 120cm

ウンバチイソギンチャクの「ウンバチ」とは「海のハチ」という意味。

## 毒針でさす［サンゴ］

### イタアナサンゴモドキ

近づいたり、ふれたりすると、刺胞(➔p.104)にさされる。さされると、やけどのようないたみ、はれ、かゆみがある。●アナサンゴモドキ科 ●高さ2mまで ●奄美群島以南 ●サンゴ礁

### ホソエダアナサンゴモドキ

枝の先は白っぽくなっている。さされると、やけどのようないたみ、はれ、かゆみがある。●アナサンゴモドキ科 ●高さ50～100cm ●奄美群島以南 ●サンゴ礁

### ショウジョウアナサンゴモドキ

さされると、やけどのようないたみ、はれ、かゆみがある。●アナサンゴモドキ科 ●高さ50～100cm ●奄美群島以南 ●サンゴ礁

### ヤツデアナサンゴモドキ

さされると、やけどのようないたみ、はれ、かゆみがある。●アナサンゴモドキ科 ●高さ50～100cm ●奄美群島以南 ●サンゴ礁

### アナサンゴモドキにさされると

アナサンゴモドキのなかまは、やけどサンゴともよばれ、ひじょうに危険。針でさされたようないたみがあり、その後、赤くはれたり水ぶくれができたりし、ひどい場合には皮ふがただれて壊死が起こる。また、腎臓の機能が低下することもある。

さされたら、海水で刺胞をあらい流し病院へ。酢をかけてはいけない。

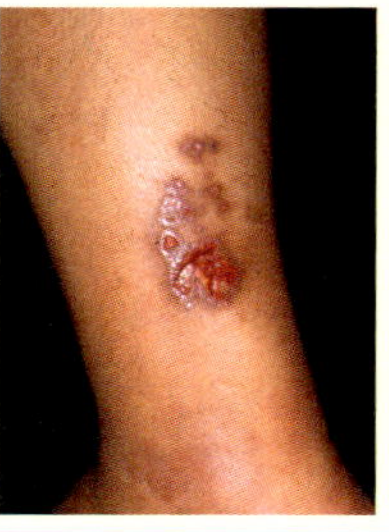

海水浴中にアナサンゴモドキの上を通ろうとして、左足をさされた人の写真(さされて1か月後)。この後、皮ふ移植手術のために1か月以上入院した。

刺毒 咬毒 吸血・病気媒介 刺咬傷・けが 防御毒 食中毒

特に危険 危険



●科名 ●体の大きさ ●分布 ●環境

## 毒針でさす［イモガイ］

### 【イモガイ類の体のしくみ】

イモガイ類は主にサンゴ礁にすむ巻き貝で、口からのばしている吻の中に、特殊な毒針（歯舌歯）がある。

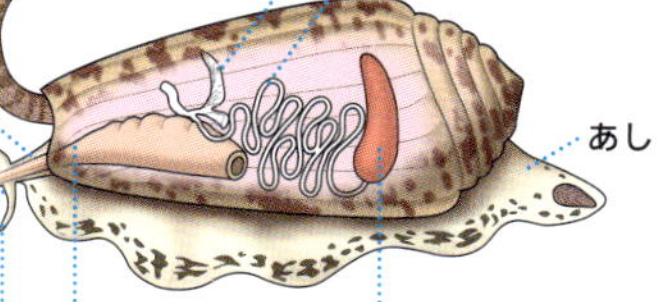

アンボイナの歯舌歯

### アンボイナ（ハブガイ） 

口からのばした吻の中に、毒針をもっている。さされてもいたみは小さいが、20分ほどでめまいや血圧低下、呼吸こんなんの症状が出る。ひどい場合は死ぬこともある。

●イモガイ科 ●殻高約13cm ●紀伊半島以南 ●潮間帯下部～水深25mのサンゴ礁の砂地

イモガイの一種がえものの魚に毒針を打ちこむ瞬間

### 事件ファイル　アンボイナにさされて死亡

1944年に沖縄県で、13歳の男の子が船で少し沖の方に出て遊んでいたときに、アンボイナを拾い、手の指をさされた。さされた後もしばらくは魚つりをしていたが、とつぜんたおれて約2時間後になくなった。

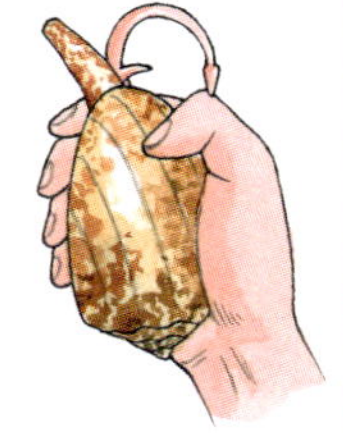

### ハマナカー（浜中）

アンボイナは、沖縄ではハマナカー（浜中）ともよばれる。さされて助けを求めて歩くうちに、浜のなかばで死んでしまうことを意味している。

サンゴ礁の海で泳ぐときは、ウェットスーツや手袋などを着用し、はだを出さないようにする。

写真提供：鳥羽水族館

## ムラサキアンボイナ

さされると、めまい、血圧低下、呼吸こんなんなどの症状が出る。ひどい場合は死ぬこともある。●殻高約13cm ●三宅島、紀伊半島以南 ●潮間帯～水深65mの砂底や岩礁、サンゴ礁

写真提供：鳥羽水族館

## シロアンボイナ

さされると、めまい、血圧低下、呼吸こんなんなどの症状が出る。ひどい場合は死ぬこともある。●殻高約13cm ●八丈島、九州南部以南 ●潮間帯～水深20mぐらいの岩礁

## タガヤサンミナシ

体は小さいが、危険性はアンボイナとおそらく同じと考えられる。●殻高約8cm ●紀伊半島以南 ●潮間帯下部～水深50mのサンゴ礁の岩の下

## ニシキミナシ

アンボイナより小さいので、毒の量は少ないと思われる。●殻高約10cm ●八丈島、紀伊半島以南 ●潮間帯～水深20mの砂底、サンゴ礁

写真提供：鳥羽水族館

## ヤキイモ

アンボイナより小さいので、毒の量は少ないと思われる。毒は、いたみ止めの薬として利用されている。●殻高約7cm ●奄美群島以南 ●潮間帯～水深100mの砂底、岩礁

## イモガイにさされると

イモガイはコノトキシンという神経毒をもつ。この毒が体に入ると、体を動かすための信号が神経を伝わらなくなり、呼吸や発声ができなくなる。水中で体がまひすると、おぼれてしまう。

### 手当ての方法

イモガイにさされた場所を確認し、毒をしぼり出す。心臓に近い部分を30分ほどしばっておくことも有効。なるべく早く、病院に連れていく。

特に危険
危険



●科名 ●体の大きさ ●分布 ●環境

※p.148の巻き貝はすべてイモガイ科

# 毒とげでさす［ヒトデ、ウニ］

## オニヒトデ

体の表面に生えているとげには毒がふくまれ、さされるとひじょうに危険。はげしくいたみ、はれやしびれの症状が出る。ひどい場合は肝臓に障害が出ることもある。●オニヒトデ科 ●腕長30cmまで ●紀伊半島以南 ●水深約30mまでの浅い海

### オニヒトデにさされると

さされた直後からはげしいいたみがあり、数時間続く。きず口からの出血はほとんどないが、赤くはれて化膿しやすくなる。ダイビング中にさされて、アナフィラキシーショック(➔p.15)を起こし、死んでしまった例もある。

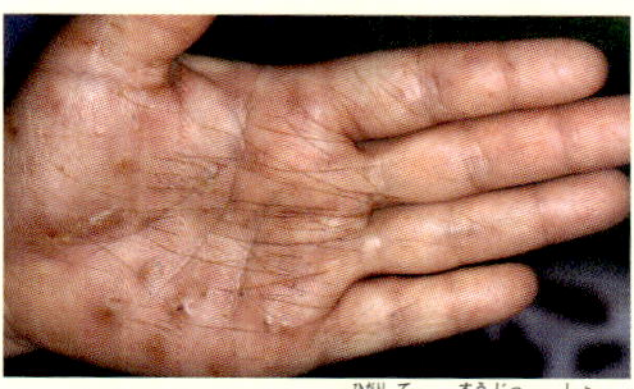

オニヒトデにさされた左手。数十か所のさしきずと内出血がある。

**手当ての方法**

ささったとげを取りのぞく。さされた所を43℃ぐらいのお湯につけるといたみがやわらぐ。いたみが強い場合や、とげが残っている場合は病院へ。

## ラッパウニ

叉棘というラッパ形の短いとげにふれると、つぼみのようにとじて毒が注入される。はげしくいたみ、はれやしびれの症状が出る。●ラッパウニ科 ●殻径10cmまで ●房総半島以南 ●潮間帯〜水深約30m

開いた叉棘　とじた叉棘

## シラヒゲウニ

毒をふくむ短い叉棘をもっている。さされると皮ふ炎を起こす。●ラッパウニ科 ●殻径7〜8cm ●房総半島以南 ●潮間帯〜水深約30m

沖縄ではシラヒゲウニを食用にしている。叉棘がまじり、口の中にささった人がいるので注意。

## 毒とげでさす[エイ]

### マダラエイ

尾の中ほどに毒とげがある。さされると、はげしくいたみ、はれる。発熱が続くこともある。

●アカエイ科 ●全長3m ●本州中部以南の太平洋側 ●サンゴ礁近くの砂泥底

## 毒とげでさす[フサカサゴ]

### ハナミノカサゴ

ひれのとげに強い毒。さされると、はげしいいたみがあり、はれる。●フサカサゴ科 ●全長30cm ●本州中部以南、琉球列島 ●サンゴ礁や沿岸の岩礁

### キリンミノ

ひれのとげに強い毒。さされると、はげしいいたみがあり、はれる。●フサカサゴ科 ●全長20cm ●本州中部以南、琉球列島 ●サンゴ礁や沿岸の岩礁

### ネッタイミノカサゴ

ひれのとげに強い毒。さされると、はげしいいたみがあり、はれる。

●フサカサゴ科 ●全長20cm ●本州中部以南、琉球列島、小笠原諸島 ●サンゴ礁や沿岸の岩礁

### セトミノカサゴ

ひれのとげに強い毒。さされるといたむ。

●フサカサゴ科 ●全長15cm ●南日本、琉球列島 ●サンゴ礁や沿岸の砂泥底

特に危険
危険

## 毒とげでさす［オニオコゼなど］

### オニダルマオコゼ

ひれのとげに猛毒がある。●オニオコゼ科 ●全長40cm ●八丈島以南の太平洋側 ●サンゴ礁や岩礁の海底

腹びれ（胸びれにかくれている）

### オニダルマオコゼにさされると

さされた直後、がまんできないくらいの焼けるようなはげしいいたみやしびれを感じる。ひどい場合は、呼吸こんなんになって死ぬこともある。

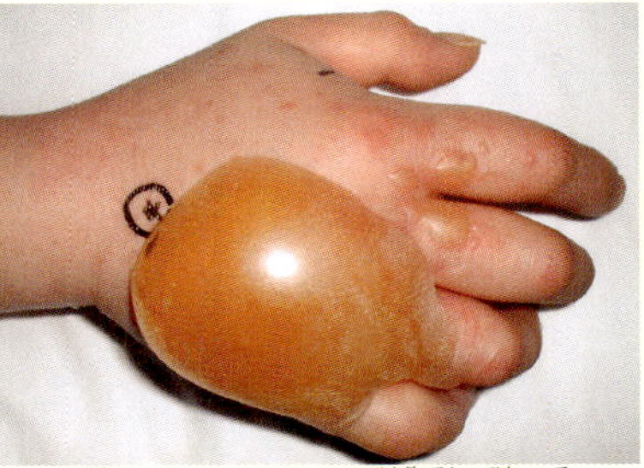

とげが軽くささってしまった鮮魚店の人の手。さされた次の日には、大きな水ぶくれができた。

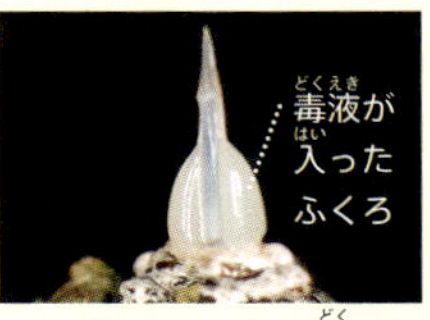


オニダルマオコゼの毒とげ。背びれのとげは、ビーチサンダルもつらぬく。

**手当ての方法**

さされた部分を真水であらい、消毒する。さされた直後なら、きず口から毒をしぼり出したり、心臓に近い所をしばったりするとよい。お湯（43℃前後）に30～90分ぐらいつけると、いたみがやわらぐ。応急手当をしたら、病院へ。

### ヒメオニオコゼ

ひれに毒とげ。さされるとはげしくいたむ。
●オニオコゼ科 ●全長12cm ●琉球列島 ●サンゴ礁周辺の砂底

### ツマジロオコゼ

ひれに毒とげ。さされるとはげしくいたむ。●ハオコゼ科 ●全長10cm ●伊豆半島以南の太平洋側、琉球列島 ●サンゴ礁や岩礁の海底

腹びれ（胸びれにかくれている）

ハナミノカサゴなどのミノカサゴ類にさされたときの手当ての方法は、p.124参照。

## 毒とげでさす［アイゴなど］

### ヒフキアイゴ

ひれに毒とげをもち、さされるといたむ。口がつき出し、火をふいているような顔をしている。●アイゴ科 ●全長20cm ●琉球列島、小笠原諸島 ●サンゴ礁

### ゴマアイゴ

ひれに毒とげをもち、さされるといたむ。全身にゴマ状の斑点がある。●アイゴ科 ●全長40cm ●和歌山県以南、琉球列島 ●サンゴ礁

### サンゴアイゴ

ひれに毒とげをもち、さされるといたむ。体の色は明るい黄色で、青い斑点が無数にある。●アイゴ科 ●全長28cm ●琉球列島、小笠原諸島 ●サンゴ礁

### ヒメアイゴ

ひれに毒とげをもち、さされるといたむ。沖縄では食用。●アイゴ科 ●全長25cm ●和歌山県以南、琉球列島 ●サンゴ礁

### 沖縄名物、スクガラス

沖縄の言葉で「スク」とはアイゴ類の稚魚、「カラス」は塩辛のこと。夏の大潮の日に大量にとれるスクを塩づけにしたほぞん食で、沖縄では下の写真のように、とうふにのせて食べたりする。

とうふにのったスクガラス

アイゴの稚魚の群れ



特に危険
危険



●科名 ●体の大きさ ●分布 ●環境 ●は特に注意が必要な部位

## アミアイゴ

ひれに毒とげをもち、さされるといたむ。体の色は灰色っぽく、虫食い状のかっ色のもようがある。●アイゴ科 ●全長24cm ●伊豆半島以南 ●サンゴ礁

## ムシクイアイゴ

ひれに毒とげをもち、さされるといたむ。アミアイゴに似ているが、背びれの切れこみ(↓)がほとんどないことで区別できる。●全長45cm ●屋久島以南 ●サンゴ礁

## マジリアイゴ

ひれに毒とげをもち、さされるといたむ。体の色はあざやかな黄色で、頭に黒い帯がある。●アイゴ科 ●全長38cm ●琉球列島 ●サンゴ礁

## ハナアイゴ

ひれに毒とげをもち、さされるといたむ。体高がやや低く、尾のつけ根が細くなっている。●アイゴ科 ●全長35cm ●紀伊半島以南、小笠原諸島 ●サンゴ礁や岩礁

## クロホシマンジュウダイ

ひれに毒とげをもつ。さされると、すぐにはげしくいたみ、赤くはれる。●クロホシマンジュウダイ科 ●全長35cm ●本州中部以南、琉球列島 ●内湾や汽水域

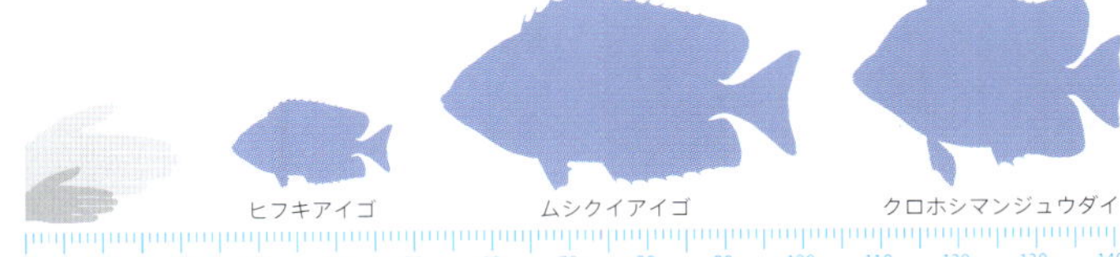

アイゴ類を調理するときは、ひれごととげを切り取る。切り取った後のとげも危険。

## 毒牙でかみつく［ウミヘビ］

### マダラウミヘビ

攻げき性が高く、日本で最もかまれる事故が多いウミヘビ。かまれてもいたみはほとんどなく、はれないが、強い毒で死亡例もある。

●全長110～180cm ●琉球列島 ●沿岸域

### セグロウミヘビ 

しげきしないかぎり、かみつかないが、強い毒をもつ。海外では死亡例もある。●全長50～80cm ●北海道以南の海域 ●沿岸域から外洋まで

背中は黒色、腹側は黄色

ウミヘビの中ではめずらしく外洋性

### ウミヘビにかまれると

ウミヘビの毒が体に入ると、数分からおそくとも8時間以内に、ものが二重に見える、まぶたが下がる、口や舌がしびれる、全身の筋肉痛などの症状が出る。重症の場合は手足がまひしたり、呼吸ができなくなったりして死んでしまう。

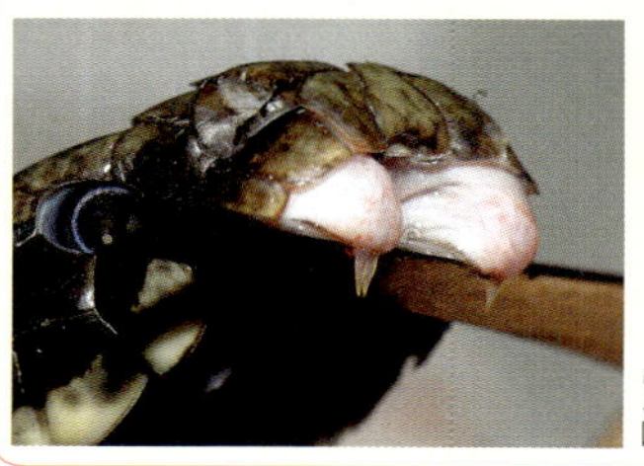
ウミヘビの毒牙は口の前の方にある。

#### 手当ての方法

毒が全身に回らないように、毒を吸い出したり、きれいな水で流しながら指で毒をしぼり出す。なるべく早く病院へ行くこと。

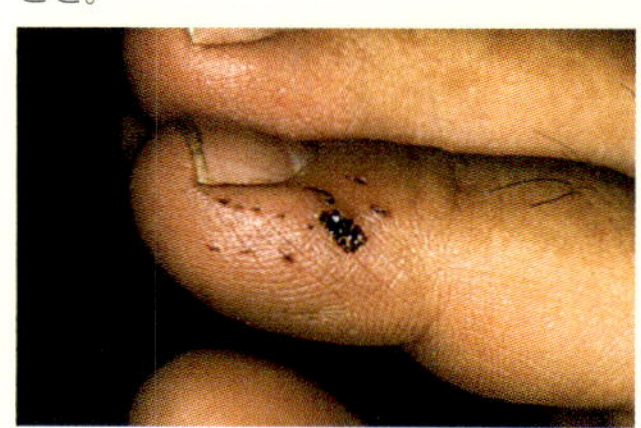
マダラウミヘビにかまれたあと。神経や筋肉に障害が出て、回復まで数日かかった。



特に危険
危険



●体の大きさ ●分布 ●環境

※この見開き内のヘビはすべてコブラ科

頭部がわりあい大きく、胴体も太い。

オスの腹部にはとげ状の突起がある。

## トゲウミヘビ

毒性は高く、海外では死亡例がある。●全長60～120cm ●日本では漂流による記録のみ ●砂泥質やサンゴ礁域の浅海、汽水域

頭部が黒く、胴体にくらべてとても小さい。

## クロガシラウミヘビ

つかむと、かみつこうとする。毒をもち、日本でもかまれた例があるので注意。●全長80～140cm ●奄美群島以南の琉球列島 ●サンゴ礁域の浅海

頭部がわりあい大きく、腹が白い。

## クロボシウミヘビ（イシガキクロボシウミヘビ）

毒をもち、攻げき性が高い。海外では死亡例がある。●全長70～90cm ●奄美大島以南の琉球列島 ●砂泥質の浅海

くちびると目の上が黄色

## アオマダラウミヘビ

毒をもつが、しげきしないかぎり、かみつくことはほとんどない。●全長80～150cm ●主に宮古諸島、八重山諸島 ●沿岸域から海岸の岩のすき間

## エラブウミヘビ

攻げき性は低いが、毒性は高いので注意が必要。同じなかまによる死亡例がある。●全長70～150cm ●琉球列島 ●沿岸域から海岸の岩のすき間

ウミヘビがすすんでヒトをおそうことはない。見かけたらしげきせずにそっとしておく。

## だ液に毒がある［タコ］

### ヒョウモンダコ

だ液にフグ毒。興奮すると青い直線もようが胴体に、リングもようがそのほかの部位にあらわれる。●マダコ科 ●体長10～12cm ●房総半島以南、小笠原諸島、琉球列島 ●沿岸の岩の間やサンゴ礁

### ヒョウモンダコにかまれると

ヒョウモンダコにかまれると体がまひして、重症の場合は呼吸ができなくなってしまう。

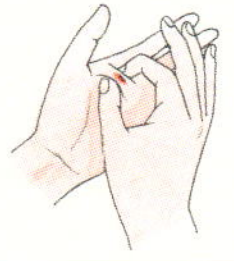

**手当ての方法**

まず口から毒をしぼり出して、心臓に近い所をしばって毒が全身に回らないようにし、急いで病院でみてもらう。毒を飲みこむと危険なので、口で毒を吸い出さないこと。

### オオマルモンダコ

だ液にフグ毒をもち、ヒョウモンダコと同じくひじょうに危険。興奮したときにあらわれる青いもようが、すべてリング状。●マダコ科 ●体長10～12cm ●琉球列島以南 ●サンゴ礁

### シマダコ

だ液に毒がふくまれ、かまれるといたみがあり、はれる。うでに白い斑点、胴体に白線がある。●マダコ科 ●体長90～100cm ●紀伊半島以南 ●サンゴ礁～水深20mほど

シマダコ　ヒョウモンダコ　オオマルモンダコ

0　20　40　60　80　100　120　140　160cm



特に危険
危険



●科名 ●体の大きさ ●分布 ●環境

## するどい歯をもつ［サメ］

※事故件数は「国際サメ被害目録」(2016年時点)による、世界の数字

大きな口と、外側にかたむいた特殊な歯をもつ。

トラに似たもようから、タイガーシャークとよばれる。

### イタチザメ

沖縄県では、サーフィンをしていた人がおそわれ、死亡する事故が起きた。111件の事故例が記録され、31人が死亡。ホホジロザメ(➔p.128)に次ぐ危険なサメで、琉球列島では海水浴場に入ってきた例もある。●メジロザメ科 ●全長7.4m ●本州中部以南の太平洋側 ●沖合から沿岸

#### なんでも食べるイタチザメ

イタチザメの胃の中からは、自動車のナンバープレートやはと時計まで見つかったことがある。

### オグロメジロザメ

上あごに「切る歯」(➔p.127)をもつ。8件の事故例が記録され、ひとりが死亡している。●メジロザメ科 ●全長2.5m ●中・西部太平洋～インド洋 ●沖合から沿岸

尾びれの後ろのふちが目立って黒い。

ヒョウモンダコの分布域は、海水温の上昇のため北上しているといわれている。

## オオメジロザメ

上あごにするどい「切る歯」(➔p.127)をもつ。100件の事故例が記録され、27人が死亡している。メジロザメ類の中で最も攻げき的なサメ。●メジロザメ科 ●全長3.4m ●琉球列島以南の太平洋や東シナ海 ●沿岸や河川

### 川にもあらわれるオオメジロザメ

オオメジロザメは淡水でも生きることができる。沖縄県では、小型の個体が川で目撃されている。

## カマストガリザメ

上あごに「切る歯」をもつ。29件の事故例が記録され、ひとりが死亡。●メジロザメ科 ●全長2.5m ●九州以南 ●沖合から沿岸

胸びれ、第2背びれ、尾びれの下葉(➔p.126)の先が目立って黒い。

## ガラパゴスザメ

上あごに「切る歯」をもつ。1件の死亡事故がある。●メジロザメ科 ●全長3.7m ●伊豆諸島以南 ●外洋島の周辺海域

第1背びれが胸びれの上から始まる。各ひれの先がうっすらと黒い。

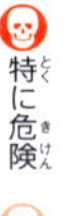
特に危険

危険

オオメジロザメ
ツマグロ
ヒラシュモクザメ
0 1 2 3 4 5 6 7 8 9 10m



●科名 ●体の大きさ ●分布 ●環境

## ヤジブカ（メジロザメ）

上あごに「切る歯」をもつ。これまでに5人がけがをした例がある。●メジロザメ科 ●全長2.4m ●南日本 ●沖合から沿岸

## ツマグロ

上あごに「切る歯」をもつ。これまでに11人がけがをした例がある。●メジロザメ科 ●全長1.8m ●琉球列島以南 ●沿岸や浅い海

## ヒラシュモクザメ

上あごには「切る歯」、下あごには「さす歯」（➔p.127）をもつ。シュモクザメ類で17件の事故例がある。●シュモクザメ科 ●全長6m ●本州中部以南の太平洋、日本海 ●沖合から沿岸

## シロワニ

「さす歯」をもち、31件の事故例が記録され、ふたりが死亡している。●オオワニザメ科 ●全長3.2m ●南日本の太平洋側、琉球列島 ●沿岸の岩礁域

シュモクザメ類の頭はハンマーのような形で、泳ぐときには頭でかじをとっている。

## 攻げき的になる［サメ以外の魚］

### ゴマモンガラ（ツマグロモンガラ）

卵を守るために夏の繁殖期に攻げき的になる。体をぶつけてきて、かたくてとがった歯でかみつくこともある。

●モンガラカワハギ科 ●全長70cm ●神奈川県以南 ●水深10mまでのサンゴ礁域

### ダイバーがおそれるゴマモンガラ

うっかり産卵床に近づくと、体をぶつけられ、さらにとがった歯でかまれることもある。ウェットスーツにあなをあけられ、何針もぬうけがをしたダイバーも多いので、むやみに近づかないようにしよう。

攻げきをしかけるゴマモンガラ

## けがのおそれがある［シャコ、カニなど］

### モンハナシャコ

捕脚（➔p.116）のひじ（こぶ状の突起）による打撃は、水そうのガラスをわってしまうほど強力。●ハナシャコ科 ●体長15cm ●紀伊半島以南 ●潮下帯～水深30mのサンゴ礁、岩礁

### アミメノコギリガザミ

ほかのワタリガニ類にくらべて強大なはさみあしをもつ。つかまえようとして手を出すと、はさまれるのでとても危険。●ワタリガニ科（ガザミ科）●甲幅20cm ●九州南部以南 ●潮間帯～水深10mのマングローブ林、河口

### ヤシガニ

ヤドカリのなかまで、強力なはさみあしをもつ。はさまれると指を切られるおそれがある。おいしいが、食中毒を起こすことも。●オカヤドカリ科 ●甲長12cm ●琉球列島以南 ●海岸近くの陸地



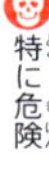

特に危険

危険

●科名 ●体の大きさ ●分布 ●環境

# 海外の危険生物

日本だけではなく、海外にも危ない生き物はくらしている。海外で出あう可能性がある危険生物を、4つの生息地域に分けてしょうかいする。

## アフリカ

アフリカゾウ（➔p.164）

## 南北アメリカ

アスパーハブ（➔p.167）

## アジア・ヨーロッパ

コモドオオトカゲ（➔p.173）

## オセアニア

イリエワニ（➔p.179）

## 毒針でさす［サソリ］

### ヨコスジサソリ（デスストーカー）

尾の先に毒針をもつ。最も毒性の強い種の1つで、さされたら、治療を受けないと死ぬことがある。●キョクトウサソリ科 ●体長6～11cm ●アフリカ中央部～イラク ●さばく

### ミナミアフリカオオサソリ（ジャイアント・デスストーカー）

尾の先に毒針をもつ。アフリカ南部では最も毒性が強いとされている種。●キョクトウサソリ科 ●体長9～16cm ●南アフリカ ●さばく、乾燥地

## 毒牙でかみつく［ヘビ］

### パフアダー

攻げき性が高く、毒性も強い。アフリカで最も危険なヘビの1つで、死亡例もめずらしくない。●クサリヘビ科 ●全長100～150cm ●アフリカ、アラビア半島南西部 ●サバンナ、草原、森林など

オスは体色の変異が大きく、茶色、黒、緑などさまざま

### ブームスラング

ナミヘビ科の中では最も毒性が強く、死亡例も多い。攻げき性は低いが、おどかすと、のどをふくらませていかくする。●ナミヘビ科 ●全長140～200cm ●地中海沿岸とさばくをのぞくアフリカのほぼ全域 ●サバンナから低地の森林、草原まで

事件ファイル

### ブームスラングにかまれて死亡

1957年、アメリカのヘビの研究者がブームスラングにかまれた。当時ブームスラングの毒性についてはよくわかっていなかったため、特に応急処置をせずに帰宅し、次の日になくなってしまった。この研究者は意識を失うまでの間、「口と鼻から出血が続いている」「少し血尿が出た」など体に起きた症状をくわしく記録し、貴重なデータを残した。

特に危険
危険

口の中が黒いことが、名前の由来

## ブラックマンバ

大型で毒も強く、世界で最も危険なヘビの1つ。かまれると神経がまひし、血清（➜p.25）を打たなければ、24時間以内に死亡する。● コブラ科 ● 全長200～350cm ● 東アフリカ～アフリカ南部と西アフリカの一部 ● 低木林、サバンナ

## ケープコブラ

かまれると呼吸こんなんを起こし、死ぬこともめずらしくない。頭をもちあげ、首を広げて、いかくする。● コブラ科 ● 全長120～160cm ● アフリカ南西部 ● さばく、乾燥したサバンナ

体色は変異が多く、黄色から赤茶色、黒とさまざま

# 血を吸う・病気をうつす［カ、ハエ］

## ネッタイシマカ

皮ふをさして血を吸う。デング熱、ジカ熱、黄熱など（➜p.32）のウイルスを運ぶ。日本の国際空港では、海外から侵入した本種が見つかることがある。● カ科 ● 前ばねの長さ2.5～3.5mm ● 世界の熱帯域 ● 人工の容器などにたまった水から発生

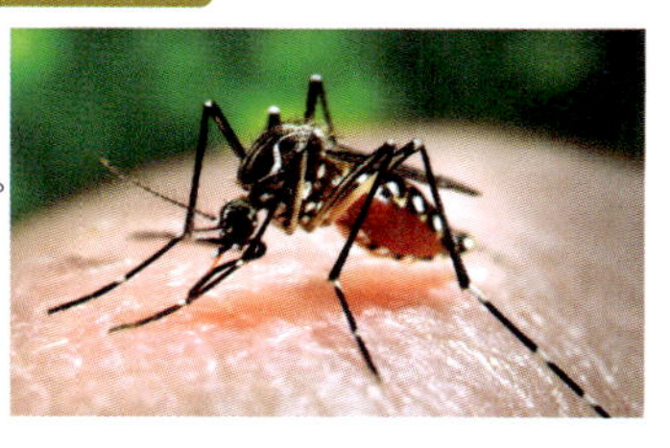

## ツェツェバエ

皮ふをさして血を吸う。アフリカ睡眠病の病原体を運ぶ。感染すると、高熱や頭痛、関節痛の症状が出る。治療しないと、ねむり続けて死ぬ。● ツェツェバエ科 ● 体長8～17mm ● アフリカの熱帯地域 ● 水辺の森林

ツェツェバエの「ツェツェ」は、現地の言葉で「ウシをたおす」という意味。

## 強力な武器をもつ［ゾウなど］

### アフリカゾウ

地上最大の動物。近づきすぎると、大きな体で突進してヒトを鼻でまきあげたり、ふみたおしたりする。長くするどいきばをもつ。●ゾウ科 ●体長6～7.5m、肩高2.4～4m ●サハラさばく以南のアフリカ ●開けた森林、サバンナ

大きな耳を左右に広げ、大きな体をさらに大きく見せて、いかくする。

近づきすぎたカバの母親をたおすアフリカゾウ

### カバ

アフリカのほ乳類の中でも、特にどうもうで危険な動物の1つ。1tをこえる大きな体でつき進み、するどいきばで敵を攻げきする。アフリカではカバによる死亡事故が多い。●カバ科 ●体長3～5m、肩高1.5～1.7m ●アフリカ ●河川、湖、沼

ずんぐりした体形だが、短いきょりならヒトより速く走ることができる。

**事件ファイル**

### 漁師がボートをおそわれて重傷

2016年、アフリカのセネガルで、漁師がカバに両足をかまれて重傷を負った。川であみを引き上げているときに、カバにおそわれた。カバはなわばり意識がとても強く、入ってきたものはライオンやワニのほか、ボートでも攻げきする。



特に危険　危険

●科名 ●体の大きさ ●分布 ●環境

## アフリカスイギュウ

攻げき的な性格で、大きな体と角を使って、体当たりしてたたかう。アフリカでは毎年200人以上の死亡事故が起きている。

● ウシ科 ● 体長2～3.4m、肩高1～1.7m ● サハラさばく以南のアフリカ ● サバンナ

アフリカゾウの子どもをつきとばすアフリカスイギュウ

オス

## ライオン

するどいきば（犬歯）とつめをもつ。おそわれると命を落とす危険が大きい。1898年に、ケニアで9か月間に数十人ものヒトが2頭のオスによっておそわれ死亡した。

● ネコ科 ● 体長1.4～3m、尾長0.9～1.2m ● アフリカ、インド ● 草原

## ナイルワニ

毎年多くのヒトがおそわれ、食べられている。特に夜間、水ぎわに近づくのは危険。水中からすばやい動作でおそってくる。

● クロコダイル科 ● 全長4.5～5.5m ● さばく以外のアフリカほぼ全域とマダガスカル島 ● 大きな川や湖、河口などの汽水域

大きくするどい歯

## アフリカニシキヘビ

最も気があらいニシキヘビ。毒はないが、大きくするどい歯をもっている。おそわれて、死亡する事故がまれにある。

● ニシキヘビ科 ● 全長3～5m ● アフリカ中部から南部 ● 開けた森林、サバンナ

ライオンは強さのシンボルとして、古くから紋章などに使われてきた。

## 毒針でさす［ミツバチ、サソリ］

### アフリカナイズドミツバチ（キラービー、アフリカナイズドビー）

アフリカミツバチとセイヨウミツバチ（➡p.21）の交雑種。攻げき性が高く、死亡例も多いため、キラービー（殺人バチ）ともよばれる。●ミツバチ科 ●体長10〜12mm ●アメリカ大陸 ●家ののき下などさまざまな場所

### アメリカテナガサソリ（アリゾナ・バーク・スコーピオン）

尾の先の針に強い毒をもつ。さされたいたみは、サソリの中で最も強いとされる。北アメリカで最も被害の多いサソリ。●キョクトウサソリ科 ●体長5〜6cm ●アメリカ合衆国南部 ●森林など

## 毒とげでさす［エイ］

### ポタモトリゴン

尾の先に近い部分に毒とげ。さされると、はげしくいたむ。観賞用として日本に輸入されている。●ポタモトリゴン科 ●全長1m ●ブラジル、パラグアイ、アルゼンチンなどの川 ●川底

毒とげ

## 毒牙でかみつく［クモ］

### ドクイトグモ（カッショクイトグモ、バイオリン・スパイダー）

攻げき性はないが猛毒をもつ。かまれてもチクッとするだけであまりいたみを感じないため、手おくれになり、死ぬことがある。●イトグモ科 ●体長約10mm ●アメリカ合衆国南東部 ●森林、市街地の倉庫、物置、地下室

特に危険
危険


●科名 ●体の大きさ ●分布 ●環境

※p.167のヘビはすべてクサリヘビ科

## 毒牙でかみつく［ヘビ］

### セイブダイヤガラガラヘビ

攻げき性が高い。尾の先の発音器をならし、シューッと大きな音を出して、いかくする。
●全長80～180cm ●アメリカ合衆国南西部からメキシコ北部 ●岩場、半さばくなどさまざまな乾燥地

毒牙をむき出す
セイブダイヤガラガラヘビ

尾の先には脱皮したうろこが積み重なってできた発音器がある。

### ジャララカ（ハララカアメリカハブ）

ブラジルではヒトが多く住んでいる地域に生息するため、かまれる事故がひじょうに多く発生する。●全長130～160cm ●ブラジル南部、パラグアイ、アルゼンチン北部 ●熱帯落葉樹林、サバンナ、高地の山林

### アスパーハブ（テルシオペロ、フェルデランス）

ひじょうに攻げき的で、すばやく動く。死亡例もめずらしくない。●全長100～180cm ●メキシコ南部から南アメリカ北部 ●熱帯雨林、落葉樹林などの水場

### フェルデランス（カイサカ）

かまれた所がはれていたみ、全身が内出血する。死亡例や、後遺症をもたらす例も多い。攻げき的で人家周辺にも生息するため、かまれる事故が多い。
●全長75～150cm ●南アメリカ中北部
●熱帯雨林、落葉樹林などの水場

**事件ファイル**

#### アスパーハブにかまれて死亡

中央アメリカのコスタリカで、37歳の男性がアスパーハブに足をかまれた。2時間後に血清（➔p.25）を注射されて入院し、さらに血清による治療を受けたが、結局、かまれてから13日後になくなった。アスパーハブにかまれた部分は、はれたり壊死したりすることもあれば、全身に出血が起きる場合もあり、症状はさまざま。

アフリカナイズドミツバチは、セイヨウミツバチとの交雑が進むほど攻げき性が低くなる。

## 血を吸う・病気をうつす［コウモリ］

### ナミチスイコウモリ

かみついて、血液をなめる。狂犬病（→p.175）にかかったコウモリにかまれると、ヒトも狂犬病に感染する。●チスイコウモリ科 ●体長7.5〜9cm ●メキシコ北部〜南アメリカ ●森林

ウシの足から血を吸うところ

かみそりのようにするどい歯で、皮ふを切りさく。

## 強力な武器をもつ［ジャガーなど］

### ジャガー

するどいつめときばをもつ。ヒトをおそうことがあり、おそわれると命を落とす危険が大きい。南北アメリカ大陸で最も大きなネコ類。●ネコ科 ●体長1.1〜1.9m、尾長45〜75cm ●北アメリカ南部〜南アメリカ ●熱帯林、草原、沼地

### コヨーテ

するどいつめときばをもつ。めったにヒトをおそわないが、おそわれてヒトが死亡した事故もある。●イヌ科 ●体長70〜100cm、尾長30〜40cm ●北アメリカ〜中央アメリカ ●草原

事件ファイル

### 散歩中にコヨーテにおそわれ死亡

2009年、カナダの国立公園で、ひとりでハイキングコースを散歩していた歌手がコヨーテの群れにおそわれて死亡した。

適応力がすぐれているコヨーテは都市の周辺でも見られ、家ちくやペット、ときにヒトをおそうことがある。特にえづけされたコヨーテはヒトになれてしまい、ヒトをおそいやすくなるといわれる。

特に危険
危険



●科名 ●体の大きさ ●分布 ●環境

### ホッキョクグマ（シロクマ）

地上最大の肉食動物。するどいつめときばをもつ。めったにヒトをおそわないが、おそわれると大けがを負い、死ぬこともある。●クマ科 ●体長2～3m ●北極圏の沿岸域 ●流氷水域

自動車のまどガラスをかもうとするホッキョクグマ

### ヘラジカ（ムース、エルク）

体が大きく、自動車とぶつかる事故でヒトがけがをしている。シカのなかまで最も大型で、へら状の角が特ちょう。●シカ科 ●体長2.4～3.1m、肩高1.4～2.4m ●ユーラシア北部、北アメリカ北部 ●森林

> **事件ファイル**
>
> **ヘラジカとぶつかり骨折**
>
> 2012年、カナダでヘラジカと自動車がぶつかる事故が起きた。自動車のフロントガラスは粉々にくだけ、屋根もめくれ上がり、ドライバーは首を骨折する大けがを負った。巨大なヘラジカとぶつかると、細い足が折れて重い胴体が運転席にとびこんでくる。

### アメリカバイソン（バッファロー）

大きな体と角をもつ。国立公園でヒトがおそわれ、骨折などの大けがや死亡事故がある。●ウシ科 ●体長2～3.5m、肩高1.5～2m ●北アメリカ ●草原、森林

### オオアリクイ

危険を感じると後ろ足で立ち、前足をふりかざしてヒトをおそう。ブラジルで猟師がおそわれて死んでしまった例が2件発生している。●アリクイ科 ●体長1.1～2m、尾長60～90cm ●中央アメリカ～南アメリカ ●低地の平原や森林

するどいかぎづめ

ナミチスイコウモリのだ液には、かみついた動物の体から出る血を固まらせない成分がある。

## オオアナコンダ（アナコンダ）

世界一重くなるヘビで、毒はないが、大きくするどい歯をもつ。●ボア科 ●全長6～10m、体重100kgをこえる ●太平洋岸をのぞく南アメリカ北部から中部 ●熱帯林の水辺

## アメリカワニ

つりや水浴びをしていたヒトがおそわれる事故が起きている。●クロコダイル科 ●全長5～6m ●フロリダ半島南部～中央アメリカ、南アメリカ北部、カリブ海の島じま ●川や池、河口などの汽水域

## アメリカアリゲーター（ミシシッピワニ）

攻げき性は高くないが、ヒトがおそわれる事故が毎年数件起こっている。●アリゲーター科 ●全長3～6m ●アメリカ合衆国南東部 ●池、川、汽水の沼など

## 攻げき的になる［魚］

### ヴァンデリア・シローサ（カンディル、カルネオ）

ヒトが川の中で尿をすると、小さい個体が尿道に入り、外科手術をしないととれなくなる。入った個体も自分の力では外に出られないので、そこで死んでくさってしまう。●トリコミュクテールス科 ●全長20cm ●アマゾン川流域 ●河川

アンモニアのにおいをたよりにえものをさがす。現地ではピラニアよりおそれられている。

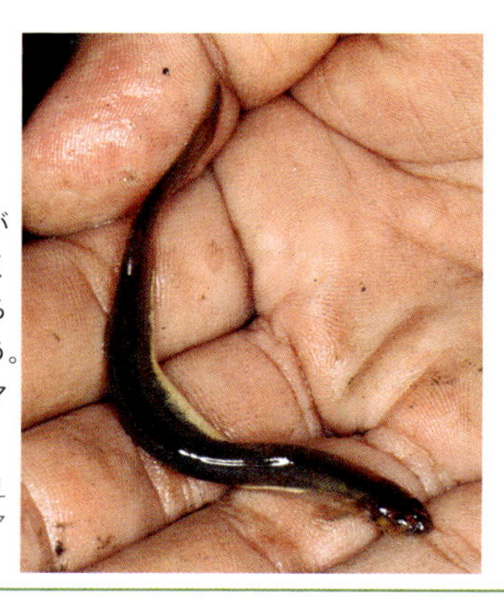

刺毒
咬毒
吸血・病気媒介
刺咬傷・けが
防御毒
食中毒

特に危険

危険



●科名 ●体の大きさ ●分布 ●環境

## ピラニア・ナッテリー（レッド・ピラニア）

切れ味のするどい歯をもつ。ペットとして飼育していた個体に、指や手の一部をかじりとられるなどの事故も起こっている。ふだんは物かげでじっとしているが、血のにおいなどで興奮すると、集団になってえものをおそう。●セルラサルムス科 ●全長40cm ●ブラジル、パラグアイ、ウルグアイ ●河川

あごには山形のするどい歯がならぶ。かむ力も強力

ピラニアのなかまは南アメリカに多くの種が生息している。

### 川に落ちてピラニアにおそわれる

2015年にブラジルのアマゾン川下流で、家族連れが乗ったカヌーが転覆し、6歳の女の子が川に落ちた。女の子は、引き上げられたときにはすでに死亡していて、ピラニアによって足の肉を食べられてしまっていた。

## 電気を放つ［魚］

### デンキウナギ（シビレウナギ、エレクトリック・イール）

胴体の中に発電器をもつ。瞬間的に600～800ボルトの電圧を起こし、ふれたヒトやウマを失神させる。●ギュムノートゥス科 ●全長約2.5m ●アマゾン川、オリノコ川ほか、南アメリカ北部 ●にごった河川

### 【デンキウナギの体のしくみ】

体の大部分は発電器

**肛門** 内臓は体の前半にまとまっていて、肛門は頭のすぐ後ろにある。

**発電器** 体の前の方から強い電気、後ろの方から弱い電気を出す。

デンキウナギによる感電で死ぬことはほとんどないが、気を失っておぼれる危険がある。

## 毒針でさす［サソリ］

### インドアカサソリ

尾の先の針に、やや強い毒をもつ。インドでは最も毒性が強いといわれている種。夜、家の中に入ってくることがある。●キョクトウサソリ科 ●体長5～9cm ●インド ●乾燥地

### バルカンサソリ

尾の先に毒針をもつ。リゾート地にも生息していて、危険なサソリとされている。体は黄色またはうす茶色。●キョクトウサソリ科 ●体長6～8cm ●南ヨーロッパ～西アジア ●さばく、乾燥地

## 毒牙でかみつく［ヘビ］

### キングコブラ

大型で、毒量も多く、かまれると命にかかわる。動きはすばやいが、攻げき性は高くないので、野外でかまれる事故は多くない。
●コブラ科 ●全長300～550cm ●インド東部～東南アジア ●森林とその周辺

事件ファイル

### ステージ上でキングコブラにかまれる

インドネシアに、ニシキヘビなどを演出に使うことで有名な歌手がいた。この歌手は2016年に、ステージ上でまちがってキングコブラの尾をふみつけ、太ももをかまれてしまった。そのままステージを続けていたところ、約45分後にはき始め、けいれんを起こし、病院に運ばれたが、死亡した。

### インドコブラ

かまれる事故は多く、死亡例もめずらしくない。かまれると、呼吸まひや筋肉の壊死を起こす。
●コブラ科
●全長120～170cm ●ネパール南部、インド、スリランカ
●森林から人家周辺まで広く分布

頭をもちあげ、いかくすると、首の後ろのめがねもようが目立つ。



特に危険
危険



●科名 ●体の大きさ ●分布 ●環境

### ラッセルクサリヘビ

攻げきするときの動作はひじょうにすばやく、危険。かまれて24時間以内に死亡した例もめずらしくない。●クサリヘビ科 ●全長100～170cm ●南アジア、中国南部、インドシナ半島など ●農耕地や、わりあい乾燥した場所

### ヒャッポダ

大型で、毒牙も大きいので危険。すばやく攻げきする。とぐろをまいてじっとしていることが多く、あまりにげない。●クサリヘビ科 ●全長90～155cm ●台湾、中国南部、ベトナム北部 ●山地の森林、川岸、岩場の丘陵など

## 毒牙でかみつく［トカゲ］

### コモドオオトカゲ（コモドドラゴン）

下あごに毒腺があり、するどく大きな歯でえものを切りさく。毒が入ると血が固まらず、出血が続く。●オオトカゲ科 ●全長250～310cm ●インドネシア・小スンダ列島の一部の島（コモド島など） ●乾燥した草原や林

歯のふちは、ステーキナイフのようにぎざぎざになっている。

**事件ファイル**

### コモドオオトカゲにかまれて死亡

2009年にコモド国立公園のリンチャ島で、地元の男性がコモドオオトカゲにおそわれ、出血多量で死亡した。果物をさがしに森に入ったところ、足をかまれた。リンチャ島では、家ちくのヤギをねらってコモドオオトカゲが村にやってくるようになり、住民や観光客がおそわれる事件が発生している。

コモド国立公園は世界遺産に指定されていて、たくさんの観光客が訪れる。2013年には観光ガイドが足をかまれた。

コモドオオトカゲのおとなは、自分の体重の数倍あるスイギュウなどもおそう。

## 毒牙でかみつく[クモ]

メス

### ジュウサンボシゴケグモ

猛毒をもつ。きばの長さは0.5mmほどだが、かまれると筋肉がまひすることがある。オスによる被害はほとんどない。赤い斑点は、必ずしも13こではない。●ヒメグモ科 ●体長メス8～12mm、オス3～5mm ●ヨーロッパ南部(地中海沿岸)、西・中央アジア ●乾燥した森林、草原

## 病気をうつす[ラクダなど]

### ヒトコブラクダ

中東呼吸器症候群(MERS)のウイルスをもっていることがある。ラクダの体にふれる、肉を食べる、乳を飲むことで感染する。●ラクダ科 ●体長2～3.5m ●西アジア、アフリカ北部 ●ヒトがくらす場所すべて

### 海外旅行では中東のラクダに注意！

サウジアラビアやアラブ首長国連邦などの中東地域では、中東呼吸器症候群(MERS)が発生している。MERSウイルスをもつヒトコブラクダにさわったり、加熱が不十分なラクダの乳や肉を食べたりすると感染する。感染から2～14日後に、発熱やせき、呼吸こんなんなどを起こし、重症の場合は死ぬこともある。また、ヒトからヒトへの感染例もある。

特に危険
危険



●科名 ●体の大きさ ●分布 ●環境

## ノイヌ

ヒトにたよらず野外で生きているイヌをノイヌという。かまれると狂犬病ウイルスに感染することがある。世界的にみると狂犬病の流行はおさまっていない。●イヌ科 ●体重1～90kg ●世界各地 ●ヒトがくらす場所すべて

### 狂犬病とは？

狂犬病ウイルスをもったほ乳類にかまれると感染する。アフリカとアジアに多く、世界で毎年約5万人が狂犬病でなくなっている。ヒトからヒトへはうつらない。感染すると、平均して約1か月で症状があらわれる。かまれた場所が治ってもかゆみがあり、水や風、物音などをとてもこわがるようになる。やがてはげしく興奮し、体がまひするなどして意識を失い、死亡する。

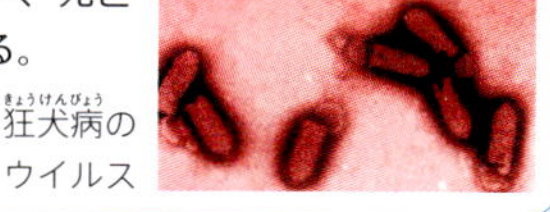

狂犬病のウイルス

事件ファイル

### フィリピンでイヌにかまれた日本人が死亡

2006年、60代の日本人男性が、発熱とせき、左手のしびれの症状で入院した。その後、幻覚や「水がこわくて手があらえない」などの症状が出た。約2か月半前のフィリピン滞在中にイヌにかまれたことがわかり、狂犬病と診断されたが、4日後に死亡した。近年は日本国内での感染例はないが、海外で感染して日本で発症した例は1970年に1件と2006年に2件ある。

## ニワトリ

生きたニワトリを売る市場で、ふれたり、近づいたりすると鳥インフルエンザウイルスに感染するおそれがある。感染すると、高熱やのどのいたみなど、インフルエンザに似た症状が出る。重症の場合は死ぬこともある。●キジ科 ●体重0.6～4.5kg ●世界各地 ●市場、農家

## アヒル

生きたアヒルを売る市場で、ふれたり、近づいたりすると鳥インフルエンザウイルスに感染するおそれがある。症状はニワトリと同じ。ヒトからヒトへの感染はまれ。●カモ科 ●体重3～5kgのものが多い ●世界各地 ●市場、農家

鳥インフルエンザは世界中で発生しているが、ヒトへの感染例は東南アジアや中国が中心。

# 強力な武器をもつ［ゾウなど］

## アジアゾウ

アフリカゾウ（➡p.164）に次いで、地上で2番目に大きな動物。大きな体で突進してヒトも家もふみたおす。オスは長くするどいきばをもつ。●ゾウ科 ●体長5～6.4m、肩高2～3m ●インドと東南アジア ●森林、草原

スリランカで行われた、アジアゾウに乗ってポロというスポーツをする大会で、とつぜんゾウがあばれ出し、止めていた自動車に体当たりした。

飼いならされて、ヒトとのきょりが近いため、思わぬ事故が起こることもある。

## ナマケグマ

するどいきばとつめをもつ。ヒトをおそうこともあり、死亡事故が起きている。●クマ科 ●体長1.5～2m ●インド、スリランカ ●草原や林

## ヒョウ

するどいきばとつめをもつ。ヒトをおそうことがある。●ネコ科 ●体長1～1.8m、尾長60～110cm ●南アジア、アフリカなど ●サバンナ

インドで食物を求めて村にまよいこんだヒョウが森林警備隊にとびかかり、けがを負わせた。



特に危険
危険

●科名 ●体の大きさ ●分布 ●環境

ライオンより大きく、かむ力も強い。

## トラ

するどいきばとつめをもつ。えものを見つけると近くまでしのびより、一気に加速してえものをつかまえる。●ネコ科 ●体長1.7～3m、尾長0.9～1.2m ●インド、インドネシア、中国東北部など ●森林、マングローブ

## アミメニシキヘビ

毒はないが、強力な筋肉と、大きくするどい歯をもつ。かみつかれただけでも、皮ふがさけて大けがをする。食べる目的でヒトをおそうことがあり、大人でさえも食べられる事故がまれにある。●ニシキヘビ科 ●全長5～10m、体重75kgまで ●東南アジア ●森林やサバンナ、人家周辺まで広く分布

## ビルマニシキヘビ 

攻げき性は低いが、大きくするどい歯をもつ。まれに死亡例がある。毒はなくおだやかな性格のため、ペットとしてよく飼育される。●ニシキヘビ科 ●全長3～6m ●東南アジア ●森林から草原、人家周辺まで広く分布

**事件ファイル**

### ビルマニシキヘビにしめ殺される

ニシキヘビやアナコンダ(➔p.170)のなかまがえものをとらえるときは、まずとびかかってかみつき、そして丸飲みにする。大きなえものの場合は、かみついた後しめ殺し、動かなくなってから飲みこむ。

2008年にベネズエラの動物園で、アルバイトの飼育員が、全長3mのビルマニシキヘビにかみつかれたうえにしめ殺された。動物園のルールに反して、ヘビのおりの中に入ってしまったために、おそわれた。同じ職場の人が気づいたときには、飼育員はすでに死亡していて、ニシキヘビに飲みこまれそうになっていた。

2012年に茨城県のペットショップで、アミメニシキヘビにかまれた人がなくなった。

## 毒針でさす［アリ］

### ブルドッグアリ（キバハリアリ）

オーストラリアにすむ約100種のアリの総称で「キバハリアリ」ともよばれる。きばのような大あごと、腹部の先に毒針をもっていて、世界で最も危険なアリといわれる。

●アリ科 ●体長8～25mm ●オーストラリア ●乾燥地

大あご

オオアリのなかまを攻げきするブルドッグアリの働きアリ

## 毒牙でかみつく［クモ］

いかくするオス

本来は森林に生息するが、市街地の公園や人家の庭でも見られる。

### シドニージョウゴグモ

大型で攻げき性が高い。毒量も多いので、毒ヘビにかまれたときと同じような救急処置と治療が必要（➔p.25）。猛毒だが被害にあう機会は少ない。●シドニージョウゴグモ科 ●体長メス25～40mm、オス20～30mm ●オーストラリア南東部 ●森林、市街地の公園や庭

鋏角が大きく、きばも発達している。

## 毒牙でかみつく［ヘビ］

### タイパン

大型で、毒の量も多い。かまれると、全身のまひを起こす。血清（➔p.25）がなかったころの死亡率は80％以上。

●コブラ科 ●全長200～350cm ●オーストラリア北部、パプアニューギニア南部 ●しめった林からサバンナまで広く生息



特に危険
危険



●科名 ●体の大きさ ●分布 ●環境

### タイガースネーク

頭を上げ、首を広げて、いかくする。かまれた部分は、はれていたむ。血清がなかったころの死亡率は45%。●コブラ科 ●全長90～200cm ●オーストラリア南東部 ●多雨林、湿地、草原、乾燥した岩場などに広く生息

### イカヘカ

つかまれると、横向きにおそいかかり、かみついたまま何度も毒牙でさす。かまれて数時間で死亡した例もある。
●コブラ科 ●全長100～200cm ●ニューギニア島と周辺の島 ●熱帯雨林、湿地など

## するどい歯でかみつく［ワニ］

### イリエワニ

最も大型になるワニで、体重は1tにもなる。毎年多くのヒトが、水浴びやつりをしているときにおそわれ、食べられている。なわばり内に侵入してきたカヌーなどをおそうこともある。●クロコダイル科 ●全長5～7m ●インドの東海岸からオーストラリア北岸まで ●川や湖、汽水域や沿岸の海水域

イリエワニは泳ぎが得意

事件ファイル

#### 人気の観光地でワニにおそわれる

オーストラリアのアデレード川は、イリエワニがえさにつられてジャンプするところを見物できる、人気の観光スポットだ。2014年に、つりをしていた男性が、川底に引っかかったつり針を外そうとして川に入った。そのとたん、全長4.5mもあるワニに引きずりこまれてしまった。300mほどはなれた所でワニと男性が見つかり、ワニは射殺されたが、男性は片足を食べられて死亡していた。

海も泳げるイリエワニは、シュノーケリングをしていたヒトをおそったこともある。

# 世界の海の危険生物

**世界の海にも危険な生き物はたくさんいる。海外旅行に出かけて、海水浴やダイビング、つりなどを楽しむときには、強い毒をもつクラゲや毒とげをもつ魚に気をつけよう。**

かさが箱形。かさの4つのすみから3mにもなる長い触手が10～15本出ている。

### オーストラリアウンバチクラゲ（キロネックス）

英語でシーワスプ（海のスズメバチ）とよばれている世界で最も危険なクラゲ。さされると、はげしいいたみがあり、みみずばれができる。オーストラリアで多くの死者を出している。●ネッタイアンドンクラゲ科 ●かさの直径30cm ●オーストラリア ●沿岸

刺胞（➔p.104）がびっしりついている触手

### 事件ファイル 「殺人クラゲ」あらわれる

オーストラリアのグレートバリアリーフでは、1月から3月にかけて、オーストラリアウンバチクラゲが風によって沿岸におしよせてくる。オーストラリアウンバチクラゲの毒は地球上で最も強い毒の1つといわれ、オーストラリアを中心に70人以上がなくなっている。1955年には、浅瀬で遊んでいた5歳の子どもがこのクラゲにさされ、5分後になくなった。現在では血清（➔p.25）がつくられ、死亡事故はへっている。

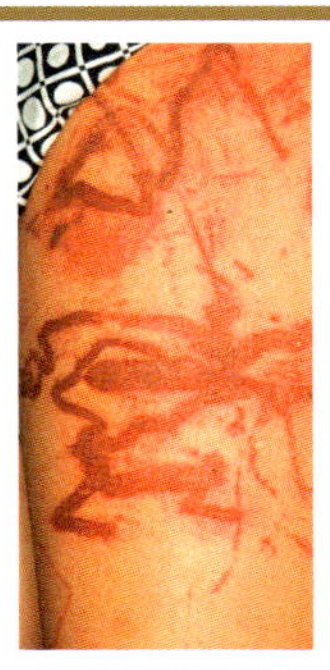

オーストラリアウンバチクラゲにさされたあと

「クラゲに注意」の標識

特に危険　危険



●科名 ●体の大きさ ●分布 ●環境

## イルカンジクラゲ

さされると、はげしいいたみがあり、みみずばれができる。ひどい場合は腰痛、手足のけいれん、胸のいたみ、血圧の上昇などが見られ、死亡することもある。被害はオーストラリアで多い。●イルカンジクラゲ科 ●かさの直径2cm ●オーストラリア、太平洋 ●沿岸。海水浴場にあらわれる

## タイセイヨウシーネットル

英語でシーネットル(海のイラクサ ➔p.89)といわれ、海水浴客に被害をあたえている。さされると、はげしいいたみ、みみずばれなどの症状が出る。●オキクラゲ科 ●かさの直径10cm ●大西洋、インド洋、太平洋、オーストラリア ●沿岸

## マムシミシマ (ウィーバーフィッシュ)

背びれに5〜6本、左右のえらぶたに1本ずつの毒とげをもつ。さされると、はげしいいたみがあり、はれる。●トラキナス科 ●全長18cm ●北海〜東大西洋、地中海 ●沿岸の砂泥地

## トゲミシマ (ウィーバーフィッシュ)

背びれに6本、左右のえらぶたに1本ずつの毒とげをもつ。さされると、はげしいいたみがあり、はれる。●トラキナス科 ●全長53cm ●北海〜東大西洋、地中海 ●沿岸の砂泥地

### ウィーバーフィッシュにさされて試合欠場

2015年のラグビーワールドカップ・イングランド大会で、日本代表選手が試合の次の日、つかれをとるために海へ入った。ところが現地で「ウィーバーフィッシュ」と総称される刺毒魚のいずれかに、左足の指をさされたため、次の試合を欠場した。さされたときは石で切ったようないたみがあり、その後くつがはけないほど指がはれあがったという。

ウィーバーフィッシュは、砂地に顔だけ出してもぐっているので、まちがってふみつけて、さされることが多い。写真はマムシミシマ

ヨーロッパの刺毒魚の中では、ウィーバーフィッシュによる被害がひじょうに多いといわれる。

# 特定外来生物とは?

もともといなかった地域に、ヒトの活動によってほかの地域から入ってきた生き物を「外来生物」とよぶ。自然環境やヒトに大きなえいきょうをおよぼす外来生物は、法律で「特定外来生物」に指定される。

大あごと毒針をもつヒアリ(➔p.184)

## ■特定外来生物の問題点とその対策

特定外来生物による、その地域の生態系、ヒトの生命・身体、農林水産業への被害をくいとめるため、日本では法律によって、飼育や輸入を規制するなどの対策をとっている。

【何が問題なの?】

在来種を食べる

在来種の生息環境やえさをうばう

毒や武器でヒトに危害をあたえる

田畑をあらす、農作物を食べる

【何が禁止されているの?】

飼う、育てる

野外に放す

移動させる

ゆずる

特定外来生物については、2018年4月1日現在の情報。

## 大きな話題になったヒアリの侵入

ヒアリは小型だが攻げき的なアリで、腹部の毒針でヒトをさす。日本では2017年に外国からの貨物の中で発見された。毒性が強く、アナフィラキシーショック(➔p.15)を起こすおそれもあり、ヒトへの被害が大きいことから、特定外来生物に指定されている。

ヒアリ

海外では、公園や畑など、ヒトの生活環境に近い場所で巣をつくることが報告されている。巣はドーム状で高さ15～50cmほど。

ヒアリの群れ

## 外来生物によって、お花見ができなくなる!?

クビアカツヤカミキリ(➔p.185)の幼虫は、サクラやウメ、モモなどバラ科の木をえさとする。1匹の幼虫が食べるはんいは広く、駆除しなければ樹木が枯れてしまうため、2018年1月に特定外来生物に指定された。放置すれば数十年後には、お花見ができなくなるおそれもある。埼玉県や東京都、大阪府などで大きな被害が出始めている。

クビアカツヤカミキリ

木の根もとに、幼虫が排出したふんと木くずがまざったもの(↓)が落ちている。これが寄生のサインだ。

法律上は「外来生物」とは国外から入った生物のことで、国内由来の生物はふくまない。

昆虫

## ヒアリ(ファイアーアント)

腹部の毒針でさされると、火がついたようにいたむ。
●アリ科 ●体長2.5〜8mm(働きアリ) ●未定着 ●南アメリカ。海外からの貨物

## アカカミアリ

1996年に沖縄島の基地でアメリカ軍の兵士がさされ、アナフィラキシーショック(➔p.15)を引き起こしたことがある。
●アリ科 ●体長3〜5mm(働きアリ) ●沖縄諸島、小笠原諸島 ●北・中央アメリカ。アメリカ軍の物資にまぎれた可能性が高い

女王アリと働きアリ

大あご

## ヒアリやアカカミアリにさされると

大あごでかみつき、腹部の毒針でさす。さされるとやけどのようなはげしいいたみを感じる。めまいや息苦しさなどのアレルギー反応が出た場合、死亡することもある。さされて体調が悪くなったら病院へ行こう。ヒアリやアカカミアリを駆除するには、熱湯や殺虫剤をかけるのが効果的だ。

大あごでかみついて毒針をさすヒアリ

ヒアリにさされてはれあがった皮ふ

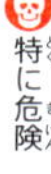
特に危険

危険



●科名 ●体の大きさ ●国内の分布 ●原産地。考えられる侵入・定着の原因

## セイヨウオオマルハナバチ

競争に負けて在来のマルハナバチの数がへり、野生植物にもえいきょうが出ている。●ミツバチ科 ●体長12〜18mm（働きバチ）●北海道 ●ヨーロッパ。農作物の受粉用に輸入されたものがにげた

## クビアカツヤカミキリ

幼虫がサクラやウメなどバラ科の樹木を食べ、枯らしてしまう。●カミキリムシ科 ●体長2〜4cm ●群馬県、栃木県、埼玉県、東京都、愛知県、大阪府、徳島県 ●中国、モンゴル、朝鮮半島、台湾、ベトナム。海外からの貨物

# クモ、サソリ

## セアカゴケグモ

（➡p.29）

強い毒をもち、かまれると全身がいたむ。●ヒメグモ科 ●体長メス8〜12mm、オス5〜6mm ●北海道、本州、四国、九州 ●オーストラリア。海外からの貨物

## フトオサソリ

**（オブトサソリ、デスストーカー）**

尾の先の毒針でさす。治療しないと死ぬことがある。キョクトウサソリ科のサソリは、猛毒をもつ種が多く、生きたままの輸入や飼育が禁止された。●キョクトウサソリ科 ●体長6〜10cm ●未定着 ●アフリカ北部〜アラビア半島。昔はペットショップなどで売られていた

## トランスバールサソリ

**（ジャイアント・デスストーカー）**

尾の先の毒針から、多量の毒液をとばすことがある。外国ではペットとして飼育される。●キョクトウサソリ科 ●体長8〜15cm ●未定着 ●南アフリカ。昔はペットショップなどで売られていた

アカカミアリは、東京都の青海ふ頭（2017年）や長野県（2018年）でも発見されている。

## ほ乳類

### アライグマ

（➜p.40）

農作物や家ちくに大きな被害をあたえている。ヒトに病気をうつすおそれもある。
●アライグマ科 ●体長40～60cm、尾長20～40cm ●日本各地 ●北アメリカ。ペットとして飼われていたものがにげた

### フイリマングース

希少な野生動物や農作物、家ちくを食べてしまうことが問題になっている。
●マングース科 ●体長25～37cm、尾長22～25cm ●沖縄島、奄美大島 ●アジア。明治時代、ハブ退治用に放された

### アメリカミンク

さまざまな野生動物や養殖魚を食べてしまうことが問題になっている。●イタチ科 ●体長30～50cm、尾長14～20cm ●北海道、長野県など ●北アメリカ。毛皮をとるために輸入したものがにげた

### キョン

農作物を食いあらしたり、森林の生態系を変えてしまったりする問題がある。
●シカ科 ●体長70～96cm、肩高40～52cm ●伊豆大島、千葉県南部 ●中国南部、台湾。飼育個体がにげた

特に危険
危険



●科名 ●体の大きさ ●国内の分布 ●原産地。考えられる侵入・定着の原因

## タイワンザル

農作物に被害をあたえている。和歌山県では在来のニホンザルと交雑していたが、全頭とらえられた。●オナガザル科 ●体長40～50cm、尾長26～45cm ●静岡県、伊豆大島 ●台湾。飼育個体がにげた

## アカゲザル

農作物に被害をあたえている。また在来のニホンザルとの交雑が問題になっている。●オナガザル科 ●体長44～64cm、尾長16～31cm ●千葉県南部 ●南アジア。飼育個体がにげた

## ヌートリア

水田のイネや畑の農作物を食べてしまう。●ヌートリア科 ●体長43～64cm、尾長26～43cm ●西日本 ●南アメリカ。毛皮をとるために輸入したものが、すてられて定着

## マスクラット

ヨーロッパでは堤防にあなをあけて洪水を引き起こしたことが何度かある。●ネズミ科 ●体長23～33cm、尾長18～30cm ●江戸川周辺 ●北アメリカ。毛皮をとるために輸入したものが、すてられて定着

## クリハラリス（タイワンリス）

木の皮をはぐなどの被害が出ている。在来のニホンリスのすみかをうばうおそれもある。●リス科 ●体長20～22cm、尾長17～20cm ●神奈川県、長崎県など ●東南アジア、中国南東部、台湾。飼育個体がにげた

## キタリス

在来のニホンリスと交雑してしまうおそれがある。●リス科 ●体長22～23cm、尾長17～20cm ●埼玉県など（北海道に自然分布している固有亜種エゾリスは指定外） ●ユーラシア北部。飼育個体がにげた

和歌山県では、2017年12月にタイワンザルの根絶宣言が出された。

## 鳥

### ガビチョウ

ハワイ諸島では、もともとすんでいた鳥がへる原因となっている。●チメドリ科 ●全長25cm ●本州、四国、九州 ●東アジア、東南アジア。飼育個体がにげた

### ソウシチョウ

同じような環境(ササやぶ)にすむ鳥へのえいきょうが心配されている。●チメドリ科 ●全長14cm ●本州、四国、九州 ●東アジア、東南アジア。飼育個体がにげた

## カエル

### ウシガエル(食用ガエル)

さまざまな小動物を食べる。在来のカエルが競争に負けて数をへらすおそれもある。●アカガエル科 ●体長11.1〜18.3cm ●日本各地 ●北アメリカ。食用としてもちこまれたものが定着

アメリカザリガニを食べるウシガエル

### オオヒキガエル

(➡p.140)

さまざまな野生生物を食べる。●ヒキガエル科 ●体長8.8〜15.5cm ●小笠原諸島、石垣島など ●北アメリカ南部〜南アメリカ北部。害虫退治用にもちこまれた

### シロアゴガエル

食べ物や産卵場所をめぐって、在来のカエルへのえいきょうが心配される。●アオガエル科 ●体長4.7〜7.3cm ●沖縄島、宮古島など ●東南アジア。貨物にまぎれた

特に危険 危険

●科名 ●体の大きさ ●国内の分布 ●原産地。考えられる侵入・定着の原因

## グリーンアノール

小笠原諸島では在来の昆虫を食べてしまい、絶滅の危機に追いこまれたチョウやトンボもいる。●イグアナ科 ●全長12～18cm ●小笠原諸島、沖縄島 ●アメリカ合衆国。ペットとしてもちこまれた

## カミツキガメ（ホクベイカミツキガメ）

（➔p.42）

さまざまな小動物を食べる。つかまえようとすると、かみつかれて大けがをするおそれがある。●カミツキガメ科 ●甲長20～50cm ●千葉県、静岡県など ●北アメリカ。飼育個体がすてられて定着

## タイワンハブ

毒牙をもつ。沖縄島では毎年数件、かまれた報告がある。希少な野生生物を食べてしまうことが心配される。●クサリヘビ科 ●全長70～140cm ●沖縄島中部 ●台湾、中国、インドシナ半島北部。薬用としてもちこまれたものがにげたか、すてられて定着

## タイワンスジオ（スジオナメラ）

沖縄島北部まで広がった場合、希少な野生生物を食べてしまうことが心配される。●ナミヘビ科 ●全長160～270cm ●沖縄島中部 ●台湾。飼育個体がすてられたり、にげたりして定着

タイワンハブはハブ酒など薬用のほかに、ヘビを使ったショーのためにもちこまれた。

## アリゲーター・ガー

在来の魚に大きな被害をあたえるおそれがあるため、2018年4月より、ガー科の全種(交雑種をふくむ)に対し、特定外来生物としての規制が開始された。●ガー科 ●全長300cmまで ●未定着 ●北アメリカ～中央アメリカ。観賞魚としてもちこまれた

在来種の小魚を食べるオオクチバス

## オオクチバス(ブラックバス、バス)

在来の生き物を食べて絶滅させてしまうなど、生態系に悪えいきょうをあたえている。●サンフィッシュ科 ●全長50cm ●全国の湖や沼、川の中下流域 ●北アメリカ。つり魚として放流

## コクチバス(スモールマウスバス)

オオクチバスよりも水温の低い川の上流域にも生息でき、生態系に悪えいきょうをあたえている。●サンフィッシュ科 ●全長50cm ●長野県などの湖や沼、川 ●北アメリカ。つり魚として放流

## ブルーギル

在来の生き物に悪えいきょうをあたえている。●サンフィッシュ科 ●全長36cm ●全国の池や湖沼 ●北アメリカ。食用として試験的にもちこまれた。その後密放流されるなどして定着

特に危険

危険

●科名 ●体の大きさ ●国内の分布 ●原産地。考えられる侵入・定着の原因

### チャネルキャットフィッシュ（アメリカナマズ）

魚類やエビ類を大量に食べ、生態系に大きなえいきょうをあたえている。●アメリカナマズ科 ●全長100cm ●霞ヶ浦、琵琶湖など ●北アメリカ。食用や観賞用としてもちこまれた

### カダヤシ

同じような環境にすむ在来のメダカを追い出したり、ふ化したばかりのメダカを食べたりすることがある。●カダヤシ科 ●全長6cm ●本州～沖縄諸島 ●北アメリカ。ボウフラ（カの幼虫）を退治するためにもちこまれ、各地に放流

## カニ、エビ、貝

### チュウゴクモクズガニ（上海ガニ）

在来の生き物に大きなえいきょうをあたえるおそれがある。中華料理の高級食材として有名だが、生きたままの輸入は禁止されている。●モクズガニ科 ●甲幅5～6cm ●未定着 ●朝鮮半島西部、中国沿岸。食用としてもちこまれた

### ウチダザリガニ（シグナルザリガニ）

在来で絶滅が心配されるニホンザリガニと、巣あなをめぐって競争になるおそれがある。●ザリガニ科 ●体長約13cm ●北海道、福島県など ●北アメリカ。食用としてもちこまれたものが定着

### カワヒバリガイ

在来の魚類に病気をうつす、大量発生して水路をつまらせるなどのおそれがある。●イガイ科 ●殻長約3cm ●木曽川水系、琵琶湖・淀川水系など ●東アジア、東南アジア。輸入シジミにまぎれた可能性が高い

アリゲーター・ガーは琵琶湖などで発見されたが、国内で定着したという記録はない。

## 植物

### オオキンケイギク

河原などに群がって生えて、日光をさえぎるため、在来植物が数をへらしている。

●キク科 ●30～70cm ●日本各地 ●北アメリカ。観賞用・緑化用に輸入されたものが野生化

### アレチウリ

成長が早いつる植物で、群がって生えるため、ほかの植物が育ちにくくなる。

●ウリ科 ●日本各地のあれ地や河原など ●北アメリカ。輸入ダイズにまぎれた可能性が高い

### ボタンウキクサ

日光をさえぎったり水質を悪化させたりして、在来の水生植物の成長をさまたげる。●サトイモ科 ●5～10cm ●本州～沖縄諸島、小笠原諸島 ●アフリカ。観賞用水草として輸入

### オオフサモ

河川で大発生すると水の流れをさまたげるほか、在来の植物にもえいきょうをあたえるおそれがある。●アリノトウグサ科 ●水面から10～30cm ●日本各地の湖や沼、川など ●南アメリカ。観賞用水草として輸入

### ナガエツルノゲイトウ

各地の河川や湿地で野生化。大発生すると水の流れをさまたげる。●ヒユ科 ●50～100cm ●千葉県、兵庫県などの水辺 ●南アメリカ。観賞用水草として輸入

特に危険
危険

●科名 ●草たけや樹高 ●国内の分布 ●原産地。考えられる侵入・定着の原因

# 用語解説

この図鑑で使われる主な用語を解説する。

## 分類や分布の用語

**亜種**……同じ種だが、分布する場所によって特ちょうがことなる集団。

**移入**……もともといなかった生き物が、ほかの地域から入ってくること。

**群体**……刺胞動物などで、分裂してできた個体がたがいにつながり、1つの体のように見える集まり。

**交雑種**……ことなる種が交配してできた種。

**在来種**……もともとその地域にいた種。

**定着**……外来種が新しい場所で、子孫を残して繁殖を続けること。

## 植物の用語

**根茎**……地下茎の一種で、根のように地中をはう太めの茎。

**単葉**……葉身が1枚の葉からできている葉。

**地下茎**……地中にある茎。

**複葉**……本当は全部で1枚の葉だが、複数の葉の集まりに見えるもの。

**翼**……茎や枝などの一部が左右にはり出しているもの。

**鱗茎**……地下茎の一種で、肉厚になった葉が集まって球状になったもの。

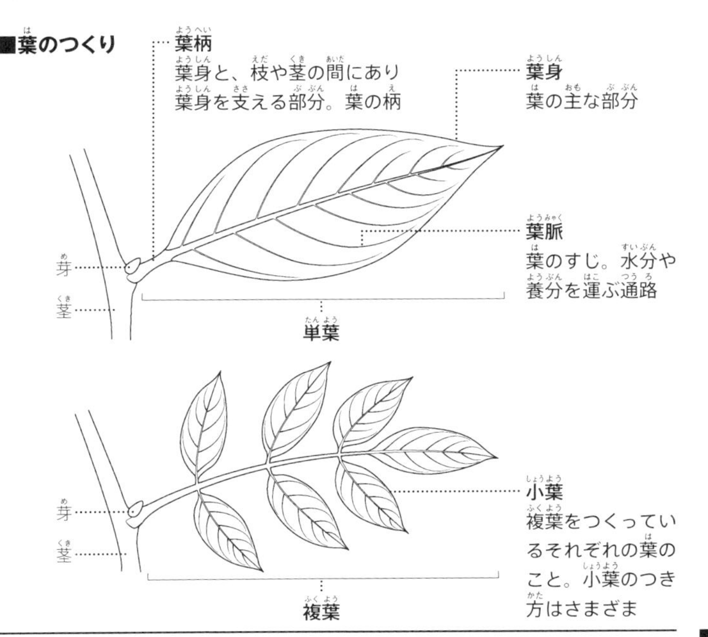

## 病気や症状の用語

**ウイルス**……細菌より小さい微生物。自力では増えることができず、ほかの生物の細胞の中に寄生して自分と同じウイルスをつくらせる。感染症の原因になることがある。

**寄生**……ほかの生物の体内や表面につき、その生物から養分などをとること。

**細菌**……1つの細胞からなる生物で、分裂して増える。感染症の原因になることがある。

**中毒**……毒が体内に入って、体の機能に障害をおよぼすこと。

**リケッチア**……細菌より小さく、ウイルスよりは大きい微生物。細菌の一種だが、自分で増えることはできず、ほかの生物の細胞の中で増える。感染症の原因になることがある。

## 毒の用語

**げり性貝毒**……有毒なプランクトンがつくり出す毒で、プランクトンを食べた二枚貝が体にためこむ。中毒すると、はげしいげり、はき気、腹痛などが起こる。

**シガテラ毒**……海藻の表面につく有毒なプランクトンがつくり出す毒。毒は、そのプランクトンを食べた魚にたまり、さらにその魚を食べた大型の肉食魚にもたまる。中毒すると、手足のしびれ、関節痛、腹痛などさまざまな症状があらわれる。

**テトラミン**……巻き貝のだ液腺にふくまれていることがある毒。中毒すると、頭痛やはき気、物が二重に見えるなどの症状が出る。

**パリトキシン**……フグ毒(テトロドトキシン)の約20倍の強さをもつ猛毒で、アオブダイやハコフグなどにふくまれる。中毒すると、はげしい筋肉痛が起き、重症の場合は死ぬこともある。

**フグ毒**……フグがもつ毒のことで、主成分は猛毒のテトロドトキシン。中毒すると、手足や口のしびれなどさまざまな症状があらわれ、重症の場合は呼吸こんなんになり、死ぬこともある。

**まひ性貝毒**……有毒なプランクトンがつくり出す毒で、プランクトンを食べた二枚貝が体にためこむ。中毒すると、フグ毒と同じ症状を起こす。

**■二枚貝による食中毒**(➔p.119)

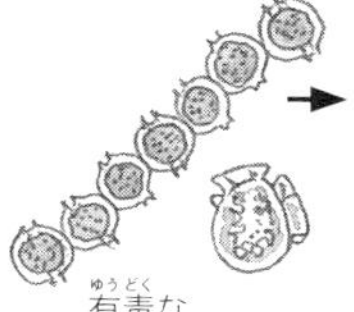

有毒なプランクトン

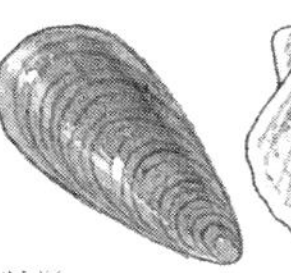

有毒なプランクトンを食べた二枚貝の体内に、毒がたまる(毒化)。

毒化した貝をヒトが食べると食中毒になる。

## 海や川の用語

磯……岩場の海岸。
沿岸……海岸から大陸だなのふちまでの海域。
沖合……沿岸もふくめた、岸からはなれた海域。
外洋……沿岸以外の海域。
岩礁……水中にかくれている岩。
汽水……淡水と海水がまじり合った、塩分が低い水。
高潮線……満潮で最も潮が満ちたときの高さ。
砂泥底……砂やどろがまじり合った水底。
砂れき底……砂や小石がまじり合った水底。
サンゴ礁……サンゴ類の骨格が積み重なってつくられた、浅い海の地形。

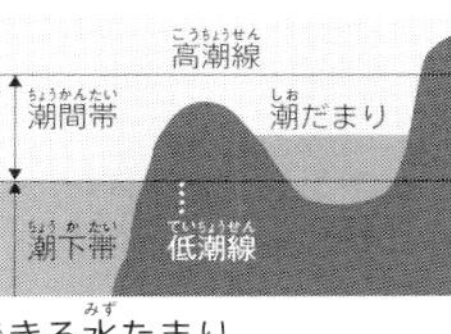


潮だまり……干潮で潮が引いたときに、海岸にできる水たまり。
水系……川の本流と、すべての支流(本流に流れこむ川)を合わせた流れ。
大陸だな……海岸から水深200mぐらいまでの、なだらかに続く斜面。
淡水……塩分がほとんどまじっていない水。
潮下帯……干潮のときにも海面の下になっている所。
潮間帯……満潮のときは海面の下になり、干潮のときは海水が引く所。
低潮線……干潮で最も潮が引いたときの高さ。
表層……海の表面から水深200mぐらいまで。それより深い所を深海という。表層、深海という分け方とは別に、海の表面から底までを「表層」「中層」「底層」とおおまかに分けてよぶこともある。

水面
表層
中層
底層
水底

マングローブ……熱帯や亜熱帯の河口で、満潮時には汽水につかるようなどろの地面に生える樹木。
藻場……海の浅い所で、海藻や海草がしげっている場所。

### ■海域の区分

海洋は、水温や塩分のちがいによって、熱帯海域、亜熱帯海域などと大まかに分けられる。

熱帯海域
亜熱帯海域
温帯域
亜寒帯海域

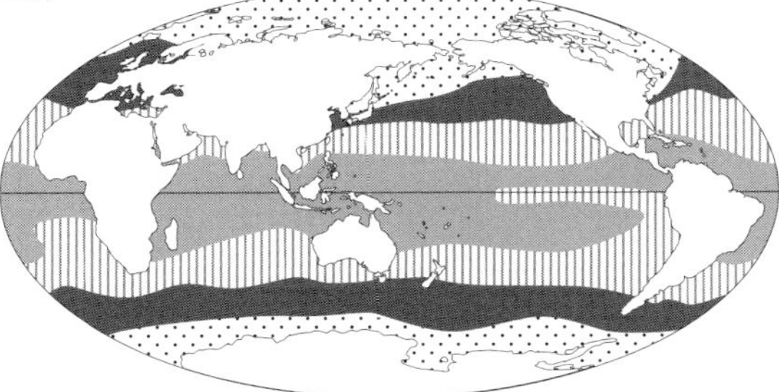

# 主な地名と海の名前

## 琉球列島（南西諸島）の拡大図



宮古諸島と八重山諸島をあわせて先島諸島とよぶこともある。

北アメリカ
北大西洋
西大西洋
中央アメリカ
中部大西洋
カリブ海
東太平洋
オリノコ川
アマゾン盆地
アマゾン川
南アメリカ
日本
北海道
津軽海峡
男鹿半島
東北地方
佐渡島
能登半島
本州
北日本
若狭湾
鹿島灘
琵琶湖
関東地方
霞ケ浦
南日本
瀬戸内海
房総半島
中国地方
中部地方
伊豆大島
対馬
三宅島
四国
近畿地方
駿河湾
伊豆諸島
五島列島
九州
八丈島
三河湾
淡路島
伊勢湾
相模湾
男女群島
土佐湾
紀伊半島
伊豆半島
大隅諸島
種子島
小笠原諸島（一部）の拡大図
トカラ列島
屋久島
父島
小笠原諸島
奄美群島
母島
沖縄諸島
硫黄島

# さくいん

この図鑑に出てくる生物の名前や、重要な事がらなどを五十音順にならべてある。太い数字のページは、図版と解説がのっている。

## ア

## ウ



## エ



## オ



## カ

## キ



## ク



## ケ



## コ

## サ



## シ



## ス



## セ

## タ



## チ

## テ



## ト

## ナ



## ニ



## ヌ



## ネ



## ノ



## ハ

## 参考文献


日本自然保護協会編集・監修『野外における危険な生物』1994年（平凡社刊）

中坊徹次編『日本産魚類検索 全種の同定 第三版』2013年、小野展嗣編著『日本産クモ類』2009年（以上、東海大学出版部刊）

三宅貞祥著『原色日本大型甲殻類図鑑（I）』1982年、『原色日本大型甲殻類図鑑（II）』1983年、西村三郎編著『原色検索日本海岸動物図鑑［I］』1992年、今関六也・本郷次雄編著『原色日本新菌類図鑑（I）』1987年、『原色日本新菌類図鑑（II）』1989年（以上、保育社刊）

塩見一雄ほか指導・執筆『小学館の図鑑NEO 危険生物』2017年（小学館刊）

小川賢一・篠永哲・野口玉雄監修『学研の大図鑑 危険・有毒生物』2003年、長沢栄史監修『増補改訂フィールドベスト図鑑 日本の毒きのこ』2009年、篠永哲・野口玉雄監修『フィールドベスト図鑑17 危険・有毒生物』2013年（以上、学研プラス刊）

夏秋優著『Dr. 夏秋の臨床図鑑 虫と皮膚炎』2013年（学研メディカル秀潤社刊）

並河洋・楚山勇著『クラゲガイドブック』2000年、内田紘臣・楚山勇著『イソギンチャクガイドブック』2001年、アンドレア・フェッラーリ、アントネッラ・フェッラーリ著（以上、TBSブリタニカ刊）

松井正文監訳『知られざる動物の世界 サンショウウオ・イモリ・アシナシイモリのなかま』2011年、松浦啓一訳.『知られざる動物の世界 ナマズのなかま』2013年（以上、朝倉書店刊）

朝日新聞社編『薬草毒草300』1986年、ダグ・スタントン著（朝日新聞社刊）

梅谷献二編『新版 野外の毒虫と不快な虫』2007年（全国農村教育協会刊）

関慎太郎著『野外観察のための日本産爬虫類図鑑』2016年（緑書房刊）

今関六也・大谷吉雄・本郷次雄 編・解説『増補改訂新版 日本のきのこ』2011年、羽根田治著『新装版 野外毒本』2014年（以上、山と渓谷社刊）

江島勝康著『世界のナマズ 増補改訂版』2008年（エムピージェー刊）

二改俊章、小森由美子、Anthony T. Tu『毒ヘビのやさしいサイエンス』2014年（化学同人刊）

橋本芳郎著『魚貝類の毒』1977年（学会出版センター刊）

木村盛武著『エゾヒグマ百科 被害・予防・生態・故事』1983年（共同文化社刊）

酒井恒著『日本産蟹類』1976年（講談社刊）

山崎幹夫、中島暉躬、伏谷伸宏著『天然の毒』1989年（講談社サイエンティフィク刊）

高見澤今朝雄『日本の真社会性ハチ全種・全亜種生態図鑑』2005年（信濃毎日新聞社刊）

石川良輔編『節足動物の多様性と系統』2008年（裳華房刊）

神山恒夫、山田章雄編著『動物由来感染症 その診断と対策』2003年（真興交易株式会社医書出版部刊）

塩見一雄・長島裕二著『新・海洋動物の毒』2013年（成山堂書店刊）

小林道信著『アクアリウム・シリーズ ザ・ピラニア 肉食魚の飼育と楽しみ方』2009年（誠文堂新光社刊）

田中真知著『増補へんな毒すごい毒』2016年（筑摩書房刊）

今泉忠明著『猛毒動物の百科』1994年（データハウス刊）

船山信次著『毒の科学 毒と人間のかかわり』2013年（ナツメ社刊）

浜野龍夫著『シャコの生物学と資源管理』2005年（日本水産資源保護協会刊）

日本ペストコントロール協会『原色ペストコントロール図説第1集～第5集』1985-2001年（日本ペストコントロール協会刊）

松井正文監訳『世界カエル図鑑300種』2008年（ネコ・パブリッシング刊）

小野展嗣監修『危ない生き物大図鑑』2011年（PHP研究所刊）

仲谷一宏著『サメ～海の王者たち（改訂版）』2016年（ブックマン社刊）

峯水亮著『海の甲殻類』2000年（文一総合出版刊）

森哲、西川完途 監修『ポプラディア大図鑑WONDA両生類・爬虫類』2014年（ポプラ社刊）

白井祥平著『有毒有害海中動物図鑑』1984年（マリン企画刊）

指田豊、西山茂夫ほか編『皮膚炎をおこす植物の図鑑2007』2007年（丸善刊）

亜熱帯総合研究所編「海の危険生物治療マニュアル」2006年（亜熱帯総合研究所）

上里博「海洋危険生物による皮膚障害(1)-(3)」西日本皮膚科74-75巻、2012-2013年

Peter Moller. 「Fish and Fisheries Series 17 Electric Fishes History and Behavior」1995. Chapman & Hall

Compagno,LJV. FAO Species catalogue. vol.4 Sharks of the world. Part2. Carcharhiniformes.1984. FAO.

Compagno, LJV. FAO Species catalogue.Sharks of the world vol.2 Bullhead, mackerel and carpet sharks. 2002. FAO.

Ebert, DA, S Fowler & LJV Compagno. Sharks of the world. 2013. Wild Nature Press.

Stockmann R. & Ythier E. Scorpions of the World. 2010. N.A.P. Editions.

Ronald M. Nowak.Walker's Mammals of the World Sixth Edition. 1999. Jhons Hopkins University Press

指導・執筆　塩見一雄　東京海洋大学名誉教授
…p.23、104-114、118-119、122-125、142-153、156、166、180-181

山内健生　兵庫県立大学 自然・環境科学研究所 准教授／兵庫県立人と自然の博物館 主任研究員
…p.14-22、32-39、42-43、51-53、76-83、114、134、138、163、166、178、182-185

森 哲　京都大学大学院 理学研究科 准教授
…p.24-27、42、136-137、154-155、162、165、167、170、173、177、179、189

成島悦雄　公益社団法人 日本動物園水族館協会 専務理事／日本獣医生命科学大学獣医学部 客員教授
…p.40-41、84-87、164、168-169、175-176、186-188

小野展嗣　国立科学博物館名誉研究員
…p.28-31、45-50、88、135、139、141、162、166、172、174、178、185

和田浩志　東京理科大学 薬学部 准教授
…p.54-73、89-98、192

仲谷一宏　北海道大学名誉教授
…p.126-130、157-159

吹春俊光　千葉県立中央博物館 植物学研究科長
…p.98-99

松井正文　京都大学名誉教授
…p.44、88、140、188

篠原現人　国立科学博物館 動物研究部 研究主幹／北海道大学総合博物館 資料部研究員
…p.115、131-133、160、171、190

小松浩典　国立科学博物館 動物研究部 研究主幹
…p.43、116-117、160、191

監修協力　夏秋 優　兵庫医科大学 皮膚科学
上里 博　琉球大学名誉教授
大和田 守　国立科学博物館名誉研究員

写真提供　アフロ　アマナイメージズ　オアシス　PPS通信社　ピクスタ
フォトライブラリー　ruderal inc.　石井克彦　大作晃一　櫻井季己　新開 孝
鈴木知之　武田晋一　多田多恵子　田原義太慶　筒井 学　徳田龍弘　西 教生
平野隆久　藤田宏之　松沢陽士　皆越ようせい　安田 守　柳澤牧嘉　山田隆彦
上野高敏　小野展嗣　上里 博　島田 拓　関 慎太郎　楚山 勇　戸篠 祥
夏秋 優　比嘉尚弘　吹春俊光　御影雅幸　森 哲
アクアワールド茨城県大洗水族館　一般財団法人日本蛇族学研究所
沖縄県衛生環境研究所　国立感染症研究所　徳島県立博物館　鳥羽水族館

図版　いずもり・よう　今井桂三　今崎和広　倉本ヒデキ　小堀文彦　角 慎作
風 美衣　古沢博司　松本 剛　小学館クリエイティブ　タナカデザイン

取材協力　川瀬美幸　佐々木光正　一般財団法人日本蛇族学研究所

■カバー・扉・本文デザイン
三木健太郎

■カバー・扉フォーマット＋本文組基本設計
村山純子　鈴木康彦

■印刷
十文字義美　高杉麗磨　宗像和則　佐藤隆行
杵渕 敦　清川優美　高橋なつき（凸版印刷）

■校閲
小学館クリエイティブ　小学館出版クォリティーセンター

■編集
根本 徹（小学館）
尾和みゆき　市村珠里（小学館クリエイティブ）

■編集協力
阿部浩志（ruderal inc.）　池田菜津美　根本風花

■制作　■資材　■販売　■宣伝
浦城朋子　斉藤陽子　藤河秀雄　島田由紀　（小学館）

小学館の図鑑 NEO POCKET ネオぽけっと——12

# 危険生物

2018年 6 月27日　初版第1刷発行

発行人　杉本 隆
発行所　株式会社 小学館
〒101-8001 東京都千代田区一ツ橋2-3-1
電話　03-3230-5452（編集）03-5281-3555（販売）
印刷所　凸版印刷株式会社
製本所　株式会社若林製本工場

　ISBN978-4-09-217292-0　NDC 468

# 体の大きさの表し方

この本に出てくる主な生き物の、体の大きさの表し方を示した。生物の体の大きさにはいろいろな表し方があるが、この本では、図のようにはかった場合の大きさをしょうかいしている。（前見返しより続く）

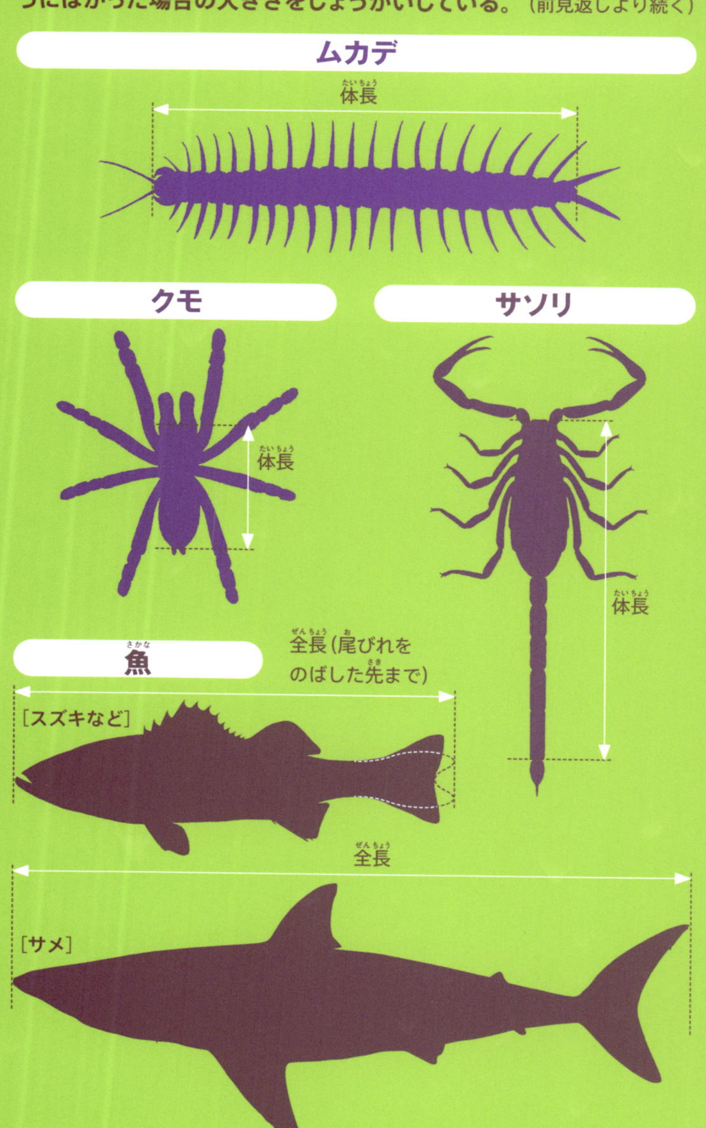

両生類
[カエル]
体長
全長
[イモリ]
甲長
[カメ]
は虫類
全長
[ワニ]
ほ乳類
[ウシなど]
肩高
体長
尾長
[キツネなど]
鳥
全長